2.1.5- 绘制校车

2.2- 绘制咖啡馆标志

2.2.5- 绘制新年贺卡

3.1.5- 制作生日蛋糕插画

3.1- 绘制自然风景插画

3.2- 绘制时尚插画

2.3- 绘制婴儿贴

3.2.5- 绘制音乐节插画

3.3- 制作秋天插画

3.4- 绘制夏日沙滩插画

4.1- 制作儿童教育书籍封面

4.1.5- 制作美食书籍封面

4.2– 制作旅游口语书籍封面

4.2.5– 制作家装书籍封面

4.3– 制作旅行书籍封面

4.4– 制作文学书籍封面

5.2– 制作旅游栏目

5.2.5– 制作家具栏目

5.1– 制作时尚杂志封面

5.1.5– 制作美食杂志封面

5.4– 制作家居杂志封面

5.3– 制作珠宝栏目

6.1.5– 制作食品宣传单 1

6.1.5– 制作食品宣传单 2

6.1- 制作教育类宣传单

6.2- 制作汽车宣传单

6.2.5- 制作月饼宣传单

6.3- 制作特惠宣传单

6.4- 制作夏令营宣传单

7.1- 制作家电广告

7.2- 制作相机广告

7.2.5- 制作汽车广告

7.3- 制作化妆品广告

7.4- 制作家居广告

8.1- 制作家具宣传册封面

8.1.5- 制作家具宣传册内页 1

9.1- 制作巧克力豆包装

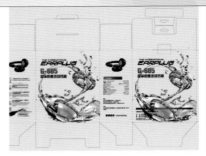

9.1.5- 制作耳机包装

9.2- 制作果汁饮料包装

9.2.5- 制作化妆品包装

9.3- 制作茶叶包装

9.4- 制作糖果手提袋

10.2- 制作民间皮影书籍封面

10.3- 制作餐厅宣传单

10.4- 制作情人节广告

10.1- 制作钻戒巡展邀请函 -1

10.1- 制作钻戒巡展邀请函 -2

10.5- 制作饮料包装

创意设计人才培养规划教材

周建国 王社 主编　青浩华 徐小亚 唐思均 副主编

Ai

Illustrator CS6
平面设计案例教程

微课版

人民邮电出版社

北　京

图书在版编目（CIP）数据

Illustrator CS6平面设计案例教程：微课版 / 周
建国，王社主编. -- 北京：人民邮电出版社，2018.1（2023.12重印）
创意设计人才培养规划教材
ISBN 978-7-115-46083-7

Ⅰ．①I… Ⅱ．①周… ②王… Ⅲ．①平面设计—图形
软件—教材 Ⅳ．①TP391.41

中国版本图书馆CIP数据核字(2017)第141309号

内 容 提 要

本书全面系统地介绍 Illustrator CS6 的基本操作方法和矢量图形制作技巧，并对其在平面设计领域的应用进行深入的讲解，包括初识 Illustrator CS6、实物的绘制、插画设计、书籍装帧设计、杂志设计、宣传单设计、广告设计、宣传册设计、包装设计和综合设计实训等内容。

本书内容的讲解均以课堂实训案例为主线，通过案例的操作，学生可以快速熟悉案例设计理念。书中的软件相关功能解析部分使学生能够深入学习软件功能；课堂实战演练和课后综合演练，可以拓展学生的实际应用能力，提高学生的软件使用技巧；综合设计实训，可以帮助学生快速地掌握商业图形的设计理念和设计元素，顺利达到实战水平。云盘中包含了书中所有案例的素材及效果文件，以利于教师授课，学生学习。

本书适合作为院校数字艺术类专业平面设计课程的教材，也可作为相关人员的自学参考书。

◆ 主　　编　周建国　王　社
　　副 主 编　青浩华　徐小亚　唐思均
　　责任编辑　桑　珊
　　责任印制　马振武

◆ 人民邮电出版社出版发行　　北京市丰台区成寿寺路 11 号
　　邮编　100164　　电子邮件　315@ptpress.com.cn
　　网址　http://www.ptpress.com.cn
　　固安县铭成印刷有限公司印刷

◆ 开本：787×1092　1/16　　　　彩插：2
　　印张：15　　　　　　　　　2018 年 1 月第 1 版
　　字数：390 千字　　　　　　 2023 年 12 月河北第 12 次印刷

定价：42.00 元

读者服务热线：(010)81055256　印装质量热线：(010)81055316
反盗版热线：(010)81055315
广告经营许可证：京东市监广登字20170147号

前 言
FOREWORD

编写目的

Illustrator 是由 Adobe 公司开发的矢量图形处理和编辑软件。它功能强大、易学易用，已经成为平面设计领域最流行的软件之一。目前，我国很多院校的数字艺术类专业，都将 Illustrator 列为一门重要的专业课程。为了帮助教师全面、系统地讲授这门课程，使学生能够熟练地使用 Illustrator 来进行创意设计，我们几位长期在学校从事 Illustrator 教学的教师与专业平面设计公司经验丰富的设计师合作，共同编写了本书。

本书全面贯彻党的二十大精神，以社会主义核心价值观为引领，传承中华优秀传统文化，坚定文化自信，使内容更好体现时代性、把握规律性、富于创造性。

人民邮电出版社充分发挥在线教育方面的技术优势、内容优势、人才优势，潜心研究，为读者提供一种"纸质图书+在线课程"相配套，全方位学习 Illustrator 平面设计的解决方案。读者可根据个人需求，利用图书和"微课云课堂"平台上的在线课程进行碎片化、移动化的学习，以便快速全面地掌握 Illustrator 平面设计相关知识。

平台支撑

"微课云课堂"目前包含近 50000 个微课视频，在资源展现上分为"微课云""云课堂"这两种形式。"微课云"是该平台中所有微课的集中展示区，用户可随需选择；"云课堂"是在现有微课云的基础上，为用户组建的推荐课程群，用户可以在"云课堂"中按推荐的课程进行系统化学习，或者将"微课云"中的内容进行自由组合，定制符合自己需求的课程。

◇ "微课云课堂"主要特点

微课资源海量，持续不断更新： "微课云课堂"充分利用了出版社在信息技术领域的优势，以人民邮电出版社 60 多年的发展积累为基础，将资源经过分类、整理、加工以及微课化之后提供给用户。

资源精心分类，方便自主学习： "微课云课堂"相当于一个庞大的微课视频资源库，按照门类进行一级和二级分类，以及难度等级分类，不同专业、不同层次的用户均可以在平台中搜索自己需要或者感兴趣的内容资源。

多终端自适应，碎片化移动化：绝大部分微课时长不超过十分钟，可以满足读者碎片化学习的需要；平台支持多终端自适应显示，除了在 PC 端使用外，用户还可以在移动端随心所欲地进行学习。

◇ **"微课云课堂"使用方法**

扫描封面上的二维码或者直接登录"微课云课堂"（www.ryweike.com）→用手机号码注册→在用户中心输入本书激活码（e6442cc5），将本书包含的微课资源添加到个人账户，获取永久在线观看本课程微课视频的权限。

此外，购买本书的读者还将获得一年期价值 168 元的 VIP 会员资格，可免费学习 50000 微课视频。

本书特色

根据学校的教学方向和教学特色，我们对本书的编写体系做了精心的设计。全书根据 Illustrator 在设计领域的应用方向来布置分章，每章按照"课堂实训案例—软件相关功能—课堂实战演练—课后综合演练"这一思路进行编排，力求通过课堂实训案例，使学生快速熟悉艺术设计理念和软件功能；通过软件相关功能解析，使学生深入学习软件功能和制作特色；通过课堂实战演练和课后综合演练，拓展学生的实际应用能力。

在内容编写方面，我们力求细致全面、重点突出；在文字叙述方面，我们注意言简意赅、通俗易懂；在案例选取方面，我们强调案例的针对性和实用性。

本书云盘中包含了书中所有案例的素材及效果文件（下载链接：http://pan.baidu.com/s/1qXDAq6K）。另外，为方便教师教学，本书还配备了详尽的课堂实战演练和课后综合演练的操作步骤文稿、PPT 课件、教学大纲、商业实训案例文件等丰富的教学资源，任课教师可登录人邮教育社区（www.ryjiaoyu.com）免费下载使用。本书的参考学时为 46 学时，各章的参考学时参见下面的学时分配表。

章	课 程 内 容	课 时 分 配 实 训
第 1 章	初识 Illustrator CS6	2
第 2 章	实物的绘制	6
第 3 章	插画设计	6
第 4 章	书籍装帧设计	5
第 5 章	杂志设计	4
第 6 章	宣传单设计	5
第 7 章	广告设计	3
第 8 章	宣传册设计	4
第 9 章	包装设计	6
第 10 章	综合设计实训	5
课 时 总 计		46

本书由周建国、王社主编，青浩华、徐小亚、唐思均副主编，楚志凯参编。由于编者水平有限，书中难免存在疏漏和不妥之处，敬请广大读者批评指正。

编　者
2023 年 5 月

目 录
CONTENTS

3

第 3 章　插画设计

4

第 4 章　书籍装帧设计

5

第5章　杂志设计

6

第6章　宣传单设计

7

第7章　广告设计

8

第8章　宣传册设计

9

第 9 章　包装设计

10

第 10 章 综合设计实训

第1章 初识 Illustrator CS6

Illustrator 是由 Adobe 公司开发的矢量图形处理和编辑软件。本章详细讲解了 Illustrator CS6 的基础知识和基本操作。读者通过对本章的学习，要对 Illustrator CS6 有初步的认识和了解，并能够掌握软件的基本操作方法，为进一步的学习打下一个坚实的基础。

课堂学习目标

- 掌握工作界面的基本操作
- 掌握图像的基本操作方法
- 掌握文件设置的基本方法

1.1 界面操作

1.1.1 【操作目的】

通过打开文件和取消编组熟悉菜单栏的操作，通过选取图形掌握工具箱中工具的使用方法，通过改变图形的颜色掌握控制面板的使用方法。

1.1.2 【操作步骤】

步骤① 打开 Illustrator CS6 软件，选择"文件 > 打开"命令，弹出"打开"对话框。选择云盘中的"Ch01 > 素材 > 01"文件，单击"打开"按钮，打开文件，如图 1-1 所示，显示 Illustrator CS6 的软件界面。

图 1-1

步骤② 在左侧工具箱中选择"选择"工具 ▶，单击选取图形，如图 1-2 所示。按 Ctrl+C 组合键复制图形。

按 Ctrl+N 组合键，弹出"新建文档"对话框，选项的设置如图 1-3 所示，单击"确定"按钮，新建一个页面。按 Ctrl+V 组合键，将复制的图形粘贴到新建的页面中，如图 1-4 所示。

图 1-2

图 1-3

图 1-4

步骤③ 在上方的菜单栏中选择"对象 > 取消编组"命令，取消对象的编组状态。选择"选择"工具 ，选取图形，如图 1-5 所示。单击绘图窗口右侧的"色板"按钮 ，弹出"色板"控制面板，单击选择需要的颜色，如图 1-6 所示，图形被填充颜色，效果如图 1-7 所示。

图 1-5

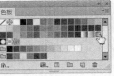

图 1-6

图 1-7

步骤④ 按 Ctrl+S 组合键，弹出"存储为"对话框，设置保存文件的名称、类型和路径，单击"保存"按钮，保存文件。

1.1.3 【相关工具】

1. 界面介绍

　　Illustrator CS6 的工作界面主要由菜单栏、工具属性栏、工具箱、控制面板、页面区域、滚动条和状态栏等部分组成，如图 1-8 所示。

菜单栏
工具属性栏
工具箱
页面区域
状态栏
控制面板
滚动条
COFFEE

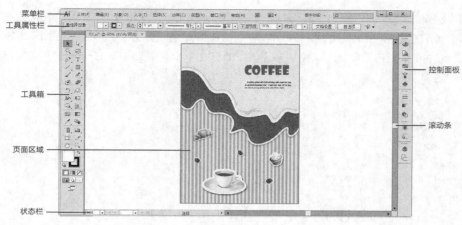

图 1-8

菜单栏：包括 Illustrator CS6 中所有的操作命令，主要有 9 个主菜单，每一个菜单又包括各自的子菜单，通过选择这些命令可以完成基本操作。

工具属性栏：当选择工具箱中的一个工具后，会在 Illustrator CS6 的工作界面中出现该工具的属性栏。

工具箱：包括 Illustrator CS6 中所有的工具，大部分工具还有其展开式工具栏，其中包括了与该工具功能相类似的工具，可以更方便、快捷地进行绘图与编辑。

控制面板：使用控制面板可以快速调出许多设置数值和调节功能的面板，它是 Illustrator CS6 中最重要的组件之一。控制面板是可以折叠的，可根据需要分离或组合，非常灵活。

页面区域：指在工作界面的中间以黑色实线表示的矩形区域，这个区域的大小就是用户设置的页面大小。

滚动条：当屏幕内不能完全显示出整个文档的时候，通过对滚动条的拖曳来实现对整个文档的全部浏览。

状态栏：显示当前文档视图的显示比例，当前正使用的工具、时间和日期等信息。

2. 菜单栏及其快捷方式

熟练地使用菜单栏能够快速有效地绘制和编辑图像，达到事半功倍的效果，下面详细介绍菜单栏。

Illustrator CS6 中的菜单栏包含“文件”“编辑”“对象”“文字”“选择”“效果”“视图”“窗口”和“帮助”共 9 个菜单，如图 1-9 所示。每个菜单里又包含相应的子菜单。

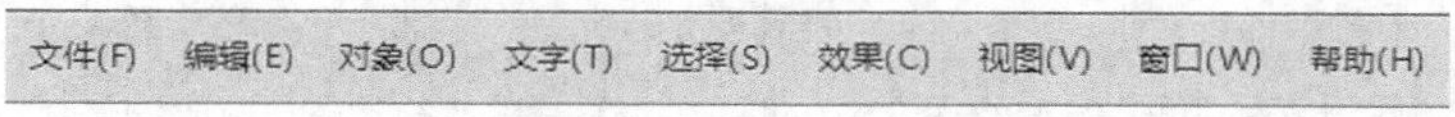

文件(F) 编辑(E) 对象(O) 文字(T) 选择(S) 效果(C) 视图(V) 窗口(W) 帮助(H)

图 1-9

每个下拉菜单的左侧是命令的名称，在经常使用的命令右侧是该命令的快捷组合键，要执行该命令，可以直接按下键盘上的快捷组合键，这样可以提高操作速度。例如，“选择 > 全部”命令的快捷组合键为 Ctrl+A。

有些命令的右侧有一个黑色的三角形▶，表示该命令还有相应的子菜单，用鼠标单击三角形▶，即可弹出其子菜单。有些命令的后面有省略号…，表示用鼠标单击该命令可以弹出相应对话框，在对话框中可进行更详尽的设置。有些命令呈灰色，表示该命令在当前状态下为不可用，需要选中相应的对象或在合适的设置时，该命令才会变为黑色，即可用状态。

3. 工具箱

Illustrator CS6 的工具箱内包括了大量具有强大功能的工具，这些工具可以使用户在绘制和编辑图像的过程中制作出更加精彩的效果。工具箱如图 1-10 所示。

工具箱中部分工具按钮的右下角带有一个黑色三角形，表示该工具还有展开工具组，用鼠标按住该工具不放，即可弹出展开工具组。例如，用鼠标按住"文字"工具 $\boxed{T}$，将展开文字工具组，如图 1-11 所示。用鼠标单击文字工具组右侧的黑色三角形，如图 1-12 所示；文字工具组就从工具箱中分离出来，成为一个相对独立的工具栏，如图 1-13 所示。

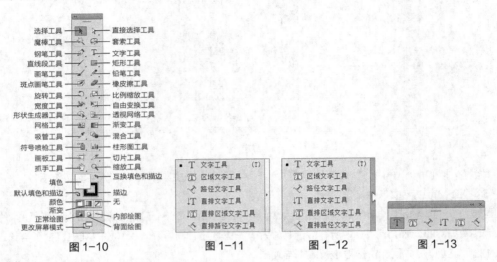

图 1-10　　　　　图 1-11　　　　　图 1-12　　　　　图 1-13

下面分别介绍各个展开式工具组。

直接选择工具组：包括 2 个工具，即直接选择工具和编组选择工具，如图 1-14 所示。

钢笔工具组：包括 4 个工具，即钢笔工具、添加锚点工具、删除锚点工具和转换锚点工具，如图 1-15 所示。

文字工具组：包括 6 个工具，即文字工具、区域文字工具、路径文字工具、直排文字工具、直排区域文字工具和直排路径文字工具，如图 1-16 所示。

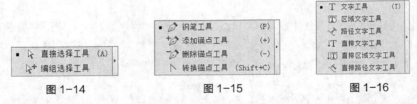

图 1-14　　　　　　　　图 1-15　　　　　　　　图 1-16

直线段工具组：包括 5 个工具，即直线段工具、弧形工具、螺旋线工具、矩形网格工具和极坐标网格工具，如图 1-17 所示。

矩形工具组：包括 6 个工具，即矩形工具、圆角矩形工具、椭圆工具、多边形工具、星形工具和光晕工具，如图 1-18 所示。

铅笔工具组：包括 3 个工具，即铅笔工具、平滑工具和路径橡皮擦工具，如图 1-19 所示。

图 1-17　　　　　　　　图 1-18　　　　　　　　图 1-19

旋转工具组：包括 2 个工具，即旋转工具和镜像工具，如图 1-20 所示。

比例缩放工具组：包括 3 个工具，即比例缩放工具、倾斜工具和整形工具，如图 1-21 所示。

宽度工具组：包括 8 个工具，即宽度工具、变形工具、旋转扭曲工具、缩拢工具、膨胀工具、扇贝工具、晶格化工具和皱褶工具，如图 1-22 所示。

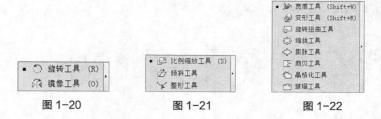

图 1-20   图 1-21   图 1-22

符号喷枪工具组：包括 8 个工具，即符号喷枪工具、符号移位器工具、符号紧缩器工具、符号缩放器工具、符号旋转器工具、符号着色器工具、符号滤色器工具和符号样式器工具，如图 1-23 所示。

柱形图工具组：包括 9 个工具，即柱形图工具、堆积柱形图工具、条形图工具、堆积条形图工具、折线图工具、面积图工具、散点图工具、饼图工具和雷达图工具，如图 1-24 所示。

吸管工具组：包括 2 个工具，即吸管工具和度量工具，如图 1-25 所示。

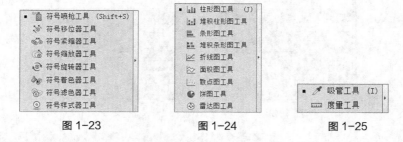

图 1-23   图 1-24   图 1-25

切片工具组：包括 2 个工具，即切片工具和切片选择工具，如图 1-26 所示。

橡皮擦工具组：包括 3 个工具，即橡皮擦工具、剪刀工具和刻刀工具，如图 1-27 所示。

抓手工具组：包括 2 个工具，即抓手工具和打印拼贴工具，如图 1-28 所示。

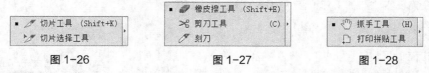

图 1-26   图 1-27   图 1-28

形状生成器工具组：包括 3 个工具，即形状生成器工具、实时上色工具和实时上色选择工具，如图 1-29 所示。

透视网格工具组：包括 2 个工具，即透视网格工具和透视选区工具，如图 1-30 所示。

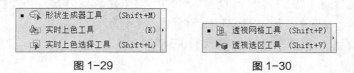

图 1-29   图 1-30

4. 工具属性栏

Illustrator CS6 的工具属性栏可以快捷应用与所选对象相关的选项，它根据所选工具和对象的不同来显示不同的选项，包括画笔、描边和样式等多个控制面板的功能。

选择路径对象的锚点后，工具属性栏状态如图 1-31 所示。选择"文字"工具 T 后，工具属性栏状态如图 1-32 所示。

图 1-31

图 1-32

5. 控制面板

Illustrator CS6 的控制面板位于工作界面的右侧，它包括许多实用、快捷的工具和命令。随着 Illustrator CS6 功能的不断增强，控制面板也相应地不断改进使之更加合理，为用户绘制和编辑图像带来了更便捷的体验。控制面板以组的形式出现，图 1-33 所示为其中的一组控制面板。

用鼠标选中并按住"色板"控制面板的标题不放，如图 1-34 所示；向页面中拖曳，如图 1-35 所示。拖曳到控制面板组外时，释放鼠标左键，将形成独立的控制面板，如图 1-36 所示。

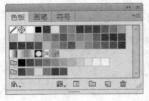
图 1-33

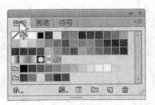
图 1-34

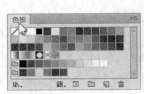
图 1-35

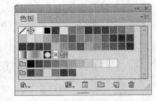
图 1-36

用鼠标单击控制面板右上角的"折叠为图标"按钮 ◄◄ 或"展开面板"按钮 ►► 来折叠或展开控制面板，如图 1-37 所示。用鼠标单击控制面板右下角的 图标，并按住鼠标左键不放，拖曳鼠标可放大或缩小控制面板。

在绘制图形时，经常需要选择不同的选项和数值，可以通过控制面板来直接操作。此时，通过选择"窗口"菜单中的各个命令可以显示或隐藏控制面板。这样可省去反复选择命令或关闭窗口的麻烦。控制面板为设置数值和修改命令提供了一个方便快捷的平台，使软件的交互性更强。

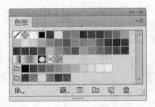

图 1-37

6. 状态栏

状态栏在工作界面的最下面，包括 3 个部分：左侧的百分比表示的是当前文档的显示比例；中间的弹出式菜单可显示当前使用的工具，当前的日期、时间，文件操作的还原次数以及文档颜色配置文件；右侧是滚动条，当绘制的图像过大不能完全显示时，可以通过拖曳滚动条浏览整个图像，如图 1-38 所示。

图 1-38

1.2 文件设置

1.2.1 【操作目的】

通过打开案例效果熟练掌握打开命令，通过复制文件熟练掌握新建命令，通过关闭新建文件掌握保存和关闭命令。

1.2.2 【操作步骤】

步骤 ① 打开 Illustrator CS6 软件，选择"文件 > 打开"命令，弹出"打开"对话框，如图 1-39 所示。选择云盘中的"Ch01 > 素材 > 03"文件，单击"打开"按钮，打开素材文件，效果如图 1-40 所示。

图 1-39　　　　　　　　　　　　　　　　　图 1-40

步骤 ② 按 Ctrl+A 组合键全选图形，如图 1-41 所示。按 Ctrl+C 组合键复制图形。选择"文件 > 新建"命令，弹出"新建文档"对话框，选项的设置如图 1-42 所示，单击"确定"按钮，新建一个页面。

图 1-41

图 1-42

步骤 ③ 按 Ctrl+V 组合键，将复制的图形粘贴到新建的页面中，并将其拖曳到适当的位置，如图 1-43 所示。单击绘图窗口右上角的 ⊠ 按钮，弹出提示对话框，如图 1-44 所示。单击"是"按钮，弹出"存储为"对话框，选项的设置如图 1-45 所示。单击"保存"按钮，弹出"Illustrator 选项"对话框，选项的设置如图 1-46 所示，单击"确定"按钮，保存文件。

图 1-43

图 1-44

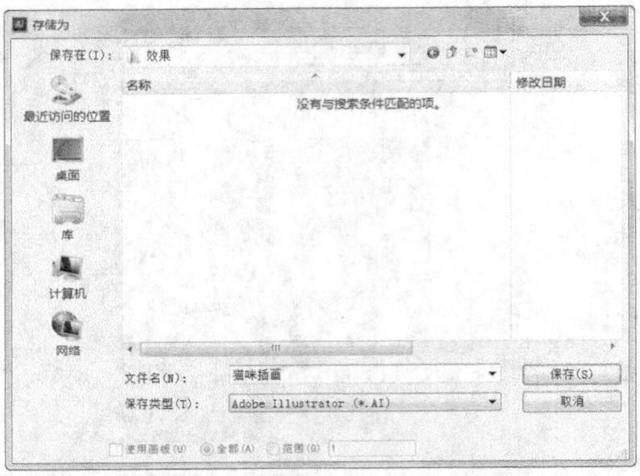

图 1-45

图 1-46

步骤④ 再次单击绘图窗口右上角的 ⊠ 按钮，关闭打开的"03"文件。单击菜单栏右侧的"关闭"按钮 ☒ ，可关闭软件。

1.2.3 【相关工具】

1. 新建文件

选择"文件 > 新建"命令（组合键为 Ctrl+N），弹出"新建文档"对话框，如图 1-47 所示。设置相应的选项后，单击"确定"按钮，即可建立一个新的文档。

"名称"选项：可以在文本框中输入新建文件的名称，默认状态下为"未标题-1"。

"配置文件"选项：主要是基于所需的输出文件来选择新的文档配置以启动新文档。其中包括"打印""Web""设备""视频和胶片""基本 RGB"和"Flash Builder"，每种配置都包含大小、颜色模式、单位、方向、透明度以及分辨率的预设值。

图 1-47

"画板数量"选项：画板表示可以包含可打印图稿的区域。可以设置画板的数量及排列方式，每个文档可以有 1~100 个画板。默认状态下为 1 个画板。

"间距"和"列数"选项：用于设置多个画板之间的间距和列数。

"大小"选项：可以在下拉列表中选择系统预先设置的文件尺寸，也可以在下方的"宽度"和"高度"选项中自定义文件尺寸。

"宽度"和"高度"选项：用于设置文件的宽度和高度的数值。

"单位"选项：设置文件所采用的单位，默认状态下为"毫米"。

"取向"选项：用于设置新建页面竖向或横向排列。

"出血"选项：用于设置文档中上方、下方、左方、右方出血标志的位置。可以设置的最大出血值为 72 点，最小出血值为 0 点。

"颜色模式"选项：用于设置新建文件的颜色模式。

"栅格效果"选项：用于设置文件的分辨率。

"预览模式"选项：用于设置文件的预览模式，可以选择默认值、像素或叠印预览模式。

2. 打开文件

选择"文件 > 打开"命令（组合键为 Ctrl+O），弹出"打开"对话框，如图 1-48 所示。在"查找范围"选项框中搜索文件路径，选择要打开的文件，单击"打开"按钮，即可打开选择的文件。

3. 保存文件

当用户第一次保存文件时，选择"文件 > 存储"命令（组合键为 Ctrl+S），弹出"存储为"对话框，如图 1-49 所示。在对话框中输入要保存文件的名称，设置保存文件的路径、保存类型。设置完成后，单击"保存"按钮，即可保存文件。

图 1-48

图 1-49

当用户对图形文件进行了各种编辑操作并保存后，再选择"存储"命令时，将不弹出"存储为"对话框，计算机直接保留最终确认的结果，并覆盖原文件。因此，在未确定要放弃原始文件之前，应慎用此命令。

若既要保留修改过的文件，又不想放弃原文件，则可以用"存储为"命令。选择"文件 > 存储为"命令（组合键为 Shift+Ctrl+S），弹出"存储为"对话框，在对话框中可以为修改过的文件重新命名，并设置文件的路径和类型。设置完成后，单击"保存"按钮，原文件依旧保留不变，修改过的文件被另存为一个新的文件。

4. 关闭文件

选择"文件 > 关闭"命令（组合键为 Ctrl+W），如图 1-50 所示，可将当前文件关闭。"关闭"命令只有当文件被打开时才呈现为可用状态。

也可单击绘图窗口右上角的按钮×来关闭文件，若当前文件被修改过或是新建的文件，那么在关闭文件的时候系统就会弹出一个提示对话框，如图 1-51 所示。单击"是"按钮，可先保存文件再关闭文件，单击"否"按钮，即不保存文件的更改而直接关闭文件，单击"取消"按钮，即取消关闭文件操作。

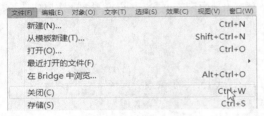

图 1-50

图 1-51

1.3 图像操作

1.3.1 【操作目的】

通过将窗口层叠显示命令掌握窗口排列的方法，通过缩小文件掌握图像的显示方式，通过在轮廓中删除不需要的图形掌握图像视图模式的切换方法。

1.3.2 【操作步骤】

步骤① 打开 Illustrator CS6 软件，按 Ctrl+O 组合键，打开云盘中的"Ch01 > 素材 > 04"文件，如图 1-52 所示。新建 3 个文件，并分别选取需要的图形，复制到新建的文件中，如图 1-53、图 1-54 和图 1-55 所示。

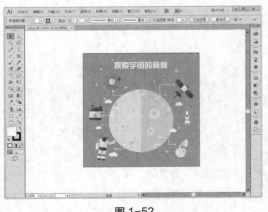

图 1-52

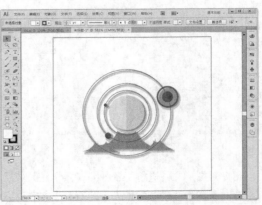

图 1-53

图1-54

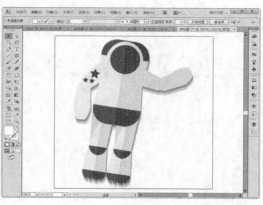
图1-55

步骤 2 选择"窗口 > 排列 > 平铺"命令,可将 4 个窗口在软件中平铺显示,如图 1-56 所示。单击"04"窗口的标题栏,将窗口显示在前面,如图 1-57 所示。

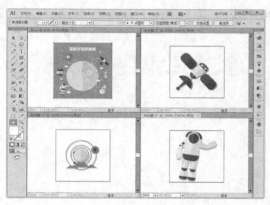
图1-56

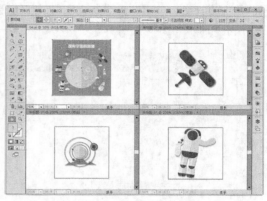
图1-57

步骤 3 选择"缩放"工具,在绘图页面中单击,使页面放大,如图 1-58 所示。按住 Alt 键的同时,多次单击直到页面的大小适当,如图 1-59 所示。

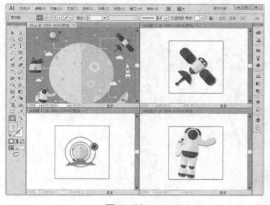
图1-58

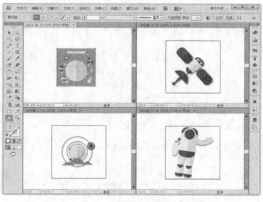
图1-59

步骤 4 选择"窗口 > 排列 > 合并所有窗口"命令,可将 4 个窗口在软件中合并。单击"未标题-1"窗口的标题栏，将窗口显示在前面，如图 1-60 所示。双击"抓手"工具 ，将图像调整为适合窗口大小的显示，如图 1-61 所示。

图 1-60

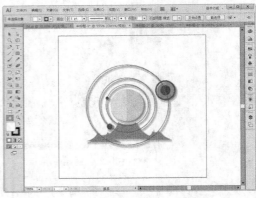

图 1-61

步骤⑤ 选择"视图 > 轮廓"命令，绘图页面显示图形的轮廓，如图 1-62 所示。选取图形的轮廓，取消编组并删除不需要的图形轮廓，如图 1-63 所示。

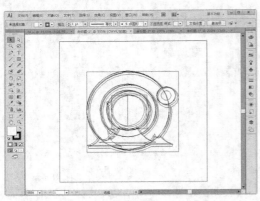

图 1-62

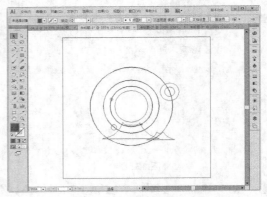

图 1-63

步骤⑥ 选择"视图 > 预览"命令，绘图页面显示预览效果，如图 1-64 所示。将复制的效果分别保存到需要的文件夹中。

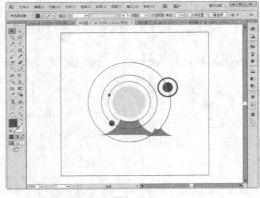

图 1-64

1.3.3 【相关工具】

1. 图像的视图模式

Illustrator CS6 包括 4 种视图模式，即"预览""轮廓""叠印预览"和"像素预览"，绘制图像的时候，可根据不同的需要选择不同的视图模式。

"预览"模式是系统默认的模式，图像显示效果如图 1-65 所示。

"轮廓"模式隐藏了图像的颜色信息，用线框轮廓来表现图像。这样在绘制图像时有很高的灵活性，可以根据需要，单独查看轮廓线，大大地节省了图像运算的速度，提高了工作效率。"轮廓"模式的图像显示效果如图 1-66 所示。如果当前图像为其他模式，选择"视图 > 轮廓"命令（组合键为 Ctrl+Y），将切换到"轮廓"模式，再选择"视图 > 预览"命令（组合键为 Ctrl+Y），将切换到"预览"模式。

"叠印预览"可以显示接近油墨混合的效果，如图 1-67 所示。如果当前图像为其他模式，选择"视图 > 叠印预览"命令（组合键为 Alt+Shift+Ctrl+Y），将切换到"叠印预览"模式。

"像素预览"可以将绘制的矢量图像转换为位图显示，这样可以有效控制图像的精确度和尺寸等。转换后的图像在放大时会看见排列在一起的像素点，如图 1-68 所示。如果当前图像为其他模式，选择"视图 > 像素预览"命令（组合键为 Alt +Ctrl+Y），将切换到"像素预览"模式。

图 1-65 　　　　　　图 1-66 　　　　　　图 1-67 　　　　　　图 1-68

2. 图像的显示方式

◎ **适合窗口大小显示图像**

绘制图像时，可以选择"适合窗口大小"命令来显示图像，这时图像就会最大限度地显示在工作界面中并保持其完整性。

选择"视图 > 画板适合窗口大小"命令（组合键为 Ctrl+0），图像显示的效果如图 1-69 所示。也可以用鼠标双击"抓手"工具，将图像调整为适合窗口大小显示。

◎ **显示图像的实际大小**

图 1-69

"实际大小"命令可以将图像按 100% 的效果显示，在此状态下可以对文件进行精确的编辑。选择"视图 > 实际大小"命令（组合键为 Ctrl+1），图像显示的效果如图 1-70 所示。

图 1-70

◎ **放大显示图像**

　　选择"视图 > 放大"命令（组合键为 Ctrl+ + ），每选择一次"放大"命令，页面内的图像就会被放大一级。例如，图像以 100%的比例显示在屏幕上，选择"放大"命令一次，则变成 150%；再选择一次，即变成 200%，放大的效果如图 1-71 所示。

　　使用缩放工具也可放大显示图像。选择"缩放"工具 ，在页面中鼠标指针会自动变为放大 图标，每单击一次鼠标左键，图像就会放大一级。例如，图像以 100%的比例显示在屏幕上，单击鼠标一次，则变成 150%，放大的效果如图 1-72 所示。

> **提示**　如果当前在使用其他工具，若要切换到缩放工具，按住 Ctrl+Spacebar（空格）组合键即可。

图 1-71

图 1-72

　　若对图像的局部区域放大，先选择"缩放"工具，然后把"缩放"工具定位在要放大的区域外，按住鼠标左键并拖曳鼠标，使鼠标画出的矩形框圈选所需的区域，如图 1-73 所示，然后释放鼠标左键，这个区域就会放大显示并填满图像窗口，如图 1-74 所示。

　　使用状态栏也可放大显示图像。在状态栏中的百分比数值框中直接输入需要放大的百分比数值，按 Enter 键即可执行放大操作。

图 1-73   图 1-74

还可使用"导航器"控制面板放大显示图像。单击面板右下角的"放大"按钮，可逐级地放大图像。拖曳三角形滑块可以将图像自由放大。在左下角百分比数值框中直接输入数值后，按 Enter 键也可以将图像放大，如图 1-75 所示。

图 1-75

提示   放大图像后，选择"抓手"工具，当图像中鼠标指针变为图标，按住鼠标左键在放大的图像中拖曳鼠标，可以观察图像的每个部分。如果正在使用其他的工具进行操作，按住 Space（空格）键，可以转换为图标。

◎ 缩小显示图像

选择"视图 > 缩小"命令，每选择一次"缩小"命令，页面内的图像就会被缩小一级（也可连续按 Ctrl+-组合键），效果如图 1-76 所示。

图 1-76

使用缩小工具也可缩小显示图像。选择"缩放"工具，在页面中鼠标指针会自动变为放大 图标，按住 Alt 键，则屏幕上的图标变为缩小 图标。按住 Alt 键不放，用鼠标单击图像一次，图像就会缩小显示一级。

如果当前正在使用其他工具时，若要切换到缩小工具，按住 Alt+Ctrl+Space（空格）组合键即可。

使用状态栏也可缩小显示图像。在状态栏中的百分比数值框 100% 中直接输入需要缩小的百分比数值，按 Enter 键即可执行缩小操作。

还可使用"导航器"控制面板缩小显示图像。单击面板左下角的"缩小"按钮，可逐级地缩小图像，拖曳三角形滑块可以将图像任意缩小。在左下角百分比数值框中直接输入数值后，按 Enter 键也可以将图像缩小。

◎ **全屏显示图像**

全屏显示图像，可以更好地观察图像的完整效果。全屏显示图像有以下几种方法。

单击工具箱下方的屏幕模式转换按钮，可以在 3 种模式之间相互转换，即正常屏幕模式 、带有菜单栏的全屏模式 和全屏模式 。反复按 F 键，也可切换不同的屏幕显示模式。

正常屏幕模式：如图 1-77 所示，这种屏幕显示模式包括菜单栏、工具箱、工具属性栏、控制面板、状态栏和打开文件的标题栏。

带有菜单栏的全屏模式：如图 1-78 所示，这种屏幕显示模式包括菜单栏、工具箱、工具属性栏和控制面板。

全屏模式：如图 1-79 所示，这种屏幕只显示页面。按 Tab 键，可以调出菜单栏、工具箱、工具属性栏和控制面板，效果如图 1-80 所示。

图 1-77

图 1-78

图 1-79

图 1-80

3. 窗口的排列方法

当用户打开多个文件时，屏幕会出现多个图像文件窗口，这就需要对窗口进行布置和摆放。下面将介绍对窗口进行布置和摆放的方法和技巧。

选择"窗口 > 排列 > 全部在窗口中浮动"命令或"窗口 > 排列 > 平铺"命令，图像的效果如图 1-81 和图 1-82 所示。

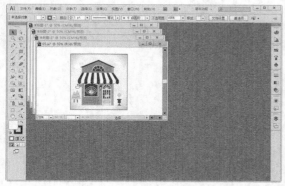

图 1-81

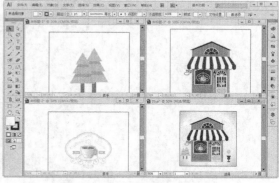

图 1-82

4. 标尺、参考线和网格的设置和使用

Illustrator CS6 提供了标尺、参考线和网格等工具，利用这些工具可以帮助用户对所绘制和编辑的图形图像精确定位，还可测量图形图像的准确尺寸。

◎ 标尺

选择"视图 > 标尺 > 显示标尺"命令（组合键为 Ctrl+R），显示出标尺，如图 1-83 所示。如果要将标尺隐藏，可以选择"视图 > 标尺 > 隐藏标尺"命令（组合键为 Ctrl+R），将标尺隐藏。

如果需要设置标尺的显示单位，选择"编辑 > 首选项 > 单位"命令，弹出"首选项"对话框，如图 1-84 所示，可以在"常规"选项的下拉列表中设置标尺的显示单位。

图 1-83

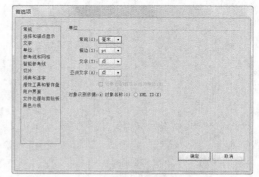

图 1-84

如果仅需要对当前文件设置标尺的显示单位，选择"文件 > 文档设置"命令，弹出"文档设置"对话框，如图 1-85 所示，可以在"单位"选项的下拉列表中设置标尺的显示单位。这种方法设置的标尺单位对以后新建立的文件标尺单位不起作用。

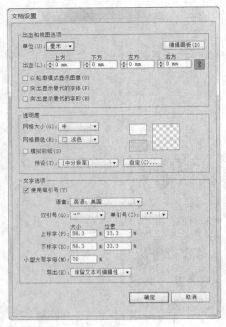

图 1-85

在系统默认的状态下，标尺的坐标原点在工作页面的左上角，如果想要更改坐标原点的位置，单击水平标尺与垂直标尺的交点并拖曳到页面中，释放鼠标，即可将坐标原点设置在此处。如果想要恢复标尺原点的默认位置，双击水平标尺与垂直标尺的交点即可。

◎ **参考线**

如果想要添加参考线，可以用鼠标在水平或垂直标尺上向页面中拖曳参考线；还可根据需要将图形或路径转换为参考线。选中要转换的路径，如图 1-86 所示，选择"视图 > 参考线 > 建立参考线"命令，将选中的路径转换为参考线，如图 1-87 所示。选择"视图 > 参考线 > 释放参考线"命令，可以将选中的参考线转换为路径。

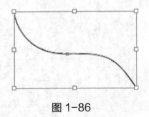

图 1-86　　　　　　图 1-87

选择"视图 > 参考线 > 锁定参考线"命令，可以将参考线进行锁定。选择"视图 > 参考线 > 隐藏参考线"命令，可以将参考线隐藏。选择"视图 > 参考线 > 清除参考线"命令，可以清除参考线。

选择"视图 > 智能参考线"命令，可以显示智能参考线。当图形移动或旋转到一定角度时，智能参考线就会高亮显示并给出提示信息。

◎ **网格**

选择"视图 > 显示网格"命令，显示出网格，如图 1-88 所示。选择"视图 > 隐藏网格"命令，将网格隐藏。如果需要设置网格的颜色、样式和间隔等属性，选择"编辑 > 首选项 > 参考线和网格"命令，弹出"首选项"对话框，如图 1-89 所示。

图 1-88

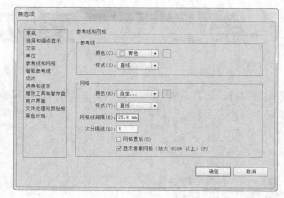

图 1-89

"颜色"选项：设置网格的颜色。

"样式"选项：设置网格的样式，包括线和点。

"网格线间隔"选项：设置网格线的间距。

"次分隔线"选项：用于细分网格线的多少。

"网格置后"选项：设置网格线显示在图形的上方或下方。

"显示像素网格"选项：当图像放大到 600% 以上时，显示像素网格。

5. 撤销和恢复对象的操作

在进行设计的过程中，可能会出现错误的操作，下面介绍撤销和恢复对象的操作。

◎ 撤销对象的操作

选择"编辑 > 还原"命令（组合键为 Ctrl+Z），可以还原上一次的操作。连续按 Ctrl+Z 组合键，可以连续还原原来操作的命令。

◎ 恢复对象的操作

选择"编辑 > 重做"命令（组合键为 Shift+Ctrl+Z），可以恢复上一次的操作。如果连续按两次 Shift+Ctrl+Z 组合键，即恢复两步操作。

第2章　实物的绘制

绘制效果逼真并经过艺术化处理的实物可以应用到书籍装帧设计、杂志设计、海报设计、宣传单设计、广告设计、包装设计和网页设计等多个设计领域。本章以多个实物对象为例，讲解实物的绘制方法和制作技巧。

课堂学习目标

- 掌握实物的绘制思路和过程
- 掌握绘制实物的相关工具

- 掌握实物的绘制方法和技巧

2.1　绘制动物挂牌

2.1.1 【案例分析】

挂牌在我们的生活中随处可见，它可以用来装饰、宣传、一些温馨提示或警示标语。一个容易被人注意、吸引人眼球的挂牌是非常重要的。本案例要求绘制动物挂牌，并以狮子为主要图形进行设计。

2.1.2 【设计理念】

狮子一直是自信、权威的代表。它反应灵敏，身手敏捷一直给人凶猛强悍的感觉。萌萌的卡通形象，让本来凶猛的狮子变得乖巧可爱，倒立的狮子体现出狮子矫健灵敏，也正好构成一个挂牌形状，充满了设计感，让人眼前一亮。浅棕色的四肢、尾巴以及鬃毛与黄金色的身体形成视觉上的空间感，使画面更加形象立体。最终效果参看云盘中的"Ch02 > 效果 > 绘制动物挂牌"，如图 2-1 所示。

微课：绘制
动物挂牌

图 2-1

2.1.3 【操作步骤】

1. 绘制挂环

步骤① 按 Ctrl+N 组合键，新建一个文档，宽度为 210mm，高度为 297mm，取向为竖向，颜色模式为 CMYK，单击"确定"按钮。

步骤② 选择"圆角矩形"工具 ，在页面中单击鼠标左键，弹出"圆角矩形"对话框，选项的设置如图 2-2 所示，单击"确定"按钮，得到一个圆角矩形，效果如图 2-3 所示。选择"椭圆"工具 ，按住 Shift 键的同时，在适当的位置绘制一个圆形，如图 2-4 所示。

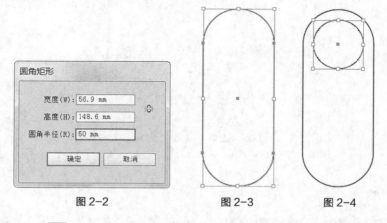

图 2-2　　　　　　图 2-3　　　　图 2-4

步骤③ 选择"选择"工具 ，按住 Shift 键的同时，单击下方圆角矩形将其同时选取。选择"窗口 > 路径查找器"命令，弹出"路径查找器"控制面板，单击"减去顶层"按钮 ，如图 2-5 所示，生成新的对象，效果如图 2-6 所示。设置图形填充色的 C、M、Y、K 值分别为 0、30、100、0，填充图形，并设置描边色为无，效果如图 2-7 所示。

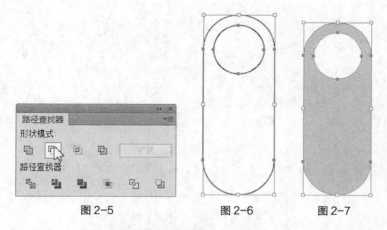

图 2-5　　　　　　图 2-6　　　　图 2-7

步骤④ 选择"椭圆"工具 ，在适当的位置绘制一个椭圆形，设置图形填充色的 C、M、Y、K 值分别为 45、55、72、0，填充图形，并设置描边色为无，效果如图 2-8 所示。

步骤⑤ 选择"选择"工具 ，按住 Alt+Shift 组合键的同时，垂直向下拖曳图形到适当的位置，复制图形，效果如图 2-9 所示。按 Ctrl+D 组合键，再复制出一个图形，效果如图 2-10 所示。

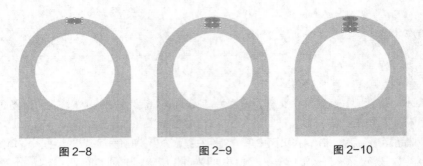

图 2-8　　　　　　　　　　图 2-9　　　　　　　　　　图 2-10

步骤⑥ 选择"钢笔"工具 ✐，在适当的位置分别绘制 2 个不规则图形，如图 2-11 所示。分别设置图形填充色的 C、M、Y、K 值分别为 0、12、30、0 和 45、55、72、0，填充图形，并设置描边色为无，效果如图 2-12 所示。

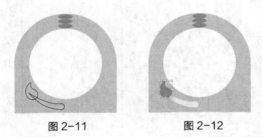

图 2-11　　　　　　　　　　图 2-12

2. 绘制动物头像

步骤① 选择"椭圆"工具 ◯，按住 Shift 键的同时，在页面外分别绘制 2 个圆形，如图 2-13 所示。选择"旋转"工具 ↻，按住 Alt 键的同时，在大圆形中心单击，弹出"旋转"对话框，选项的设置如图 2-14 所示，单击"复制"按钮，效果如图 2-15 所示。连续按 Ctrl+D 组合键，按需要再复制出多个圆形，效果如图 2-16 所示。

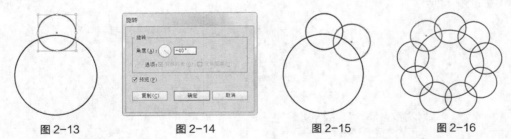

图 2-13　　　　　　图 2-14　　　　　　图 2-15　　　　　　图 2-16

步骤② 选择"选择"工具 ▶，用圈选的方法将所绘制的图形同时选取，如图 2-17 所示。在"路径查找器"控制面板中单击"联集"按钮 ▣，如图 2-18 所示，生成新的对象，效果如图 2-19 所示。

图 2-17　　　　　　图 2-18　　　　　　图 2-19

步骤③ 保持图形选取状态。设置图形填充色的 C、M、Y、K 值分别为 0、12、30、0，填充图形，并设置描边色为无，效果如图 2-20 所示。

步骤④ 选择"对象 > 变换 > 缩放"命令，在弹出的对话框中进行设置，如图 2-21 所示，单击"复制"按钮。设置图形填充色的 C、M、Y、K 值分别为 45、55、72、0，填充图形，效果如图 2-22 所示。

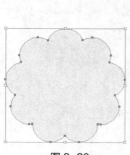
图 2-20

图 2-21

图 2-22

步骤⑤ 选择"钢笔"工具，在适当的位置绘制一个不规则图形。设置图形填充色的 C、M、Y、K 值分别为 0、30、100、0，填充图形，并设置描边色为无，效果如图 2-23 所示。

步骤⑥ 选择"椭圆"工具，按住 Shift 键的同时，在适当的位置绘制一个圆形。设置描边色的 C、M、Y、K 值分别为 0、30、100、0，填充描边，效果如图 2-24 所示。

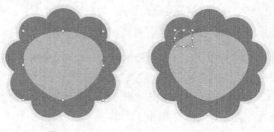
图 2-23　　　　　　　图 2-24

步骤⑦ 选择"窗口 > 描边"命令，弹出"描边"控制面板，单击"使描边外侧对齐"按钮，其他选项的设置如图 2-25 所示，按 Enter 键确认操作，描边效果如图 2-26 所示。

图 2-25

图 2-26

步骤⑧ 选择"选择"工具，按住 Alt+Shift 组合键的同时，水平向右拖曳图形到适当的位置，复制图形，效果如图 2-27 所示。

步骤⑨ 选择"钢笔"工具，在适当的位置绘制一个不规则图形。设置图形填充色的 C、M、Y、K 值分别为 0、12、30、0，填充图形，并设置描边色为无，效果如图 2-28 所示。

步骤⑩ 选择"钢笔"工具 ，在适当的位置绘制一条曲线。设置描边色的 C、M、Y、K 值分别为 59、71、96、32，填充描边，效果如图 2-29 所示。

图 2-27   图 2-28   图 2-29

步骤⑪ 在"描边"控制面板中单击"圆头端点"按钮 ，其他选项的设置如图 2-30 所示，按 Enter 键确认操作，描边效果如图 2-31 所示。

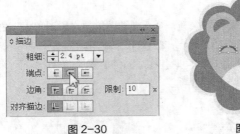

图 2-30   图 2-31

步骤⑫ 选择"选择"工具 ，按住 Alt+Shift 组合键的同时，水平向右拖曳图形到适当的位置，复制图形，效果如图 2-32 所示。使用相同方法制作其他曲线，效果如图 2-33 所示。

步骤⑬ 选择"椭圆"工具 ，在适当的位置绘制一个椭圆形，设置图形填充色的 C、M、Y、K 值分别为 0、12、30、0，填充图形，并设置描边色为无，效果如图 2-34 所示。

图 2-32   图 2-33   图 2-34

步骤⑭ 选择"选择"工具 ，按住 Shift 键的同时，单击下方图形将其同时选取，如图 2-35 所示。在"路径查找器"控制面板中单击"交集"按钮 ，如图 2-36 所示，生成新的对象，效果如图 2-37 所示。

步骤⑮ 保持图形选取状态。设置图形填充色的 C、M、Y、K 值分别为 45、55、72、0，填充图形，并设置描边色为无，效果如图 2-38 所示。选择"选择"工具 ，用圈选的方法将所绘制的图形同时选取，拖曳到页面中适当的位置，效果如图 2-39 所示。

图 2-35

图 2-36

图 2-37

图 2-38

图 2-39

3. 绘制前腿

步骤① 选择"圆角矩形"工具 ▣，在页面中单击鼠标左键，弹出"圆角矩形"对话框，选项的设置如图 2-40 所示，单击"确定"按钮，得到一个圆角矩形。选择"选择"工具 ▶，将其拖曳到适当的位置。设置图形填充色的 C、M、Y、K 值分别为 0、30、100、0，填充图形，并设置描边色为无，效果如图 2-41 所示。

图 2-40

图 2-41

步骤② 按 Ctrl+C 组合键，复制图形。按 Ctrl+F 组合键，将复制的图形粘贴在前面。选择"矩形"工具 ▣，在适当的位置拖曳鼠标绘制一个矩形，如图 2-42 所示。选择"选择"工具 ▶，按住 Shift 键的同时，单击下方圆角矩形将其同时选取，如图 2-43 所示。

步骤③ 在"路径查找器"控制面板中单击"减去顶层"按钮 ▣，生成新的对象，效果如图 2-44 所示。设置图形填充色的 C、M、Y、K 值分别为 45、55、72、0，填充图形，效果如图 2-45 所示。

图 2-42

图 2-43

图 2-44

图 2-45

步骤④ 选择"选择"工具 ▶，按住 Shift 键的同时，单击下方圆角矩形将其同时选取。按住 Alt+Shift 组合键的同时，水平向右拖曳图形到适当的位置，复制图形，效果如图 2-46 所示。按住 Shift 键的同时，单击需要的图形将其同时选取。按 Ctrl+Shift+ [组合键，将其置于底层，效果如图 2-47 所示。动物挂牌绘制完成，效果如图 2-48 所示。

图 2-46　　　　　　　图 2-47　　　　　　　图 2-48

2.1.4 【相关工具】

1. 绘制椭圆形和圆形

◎ **使用光标绘制椭圆形**

选择"椭圆"工具 ◉ ，在页面中需要的位置单击并按住鼠标左键不放，拖曳光标到需要的位置，释放鼠标左键，绘制出一个椭圆形，如图 2-49 所示。

选择"椭圆"工具 ◉ ，按住 Shift 键，在页面中需要的位置单击并按住鼠标左键不放，拖曳光标到需要的位置，释放鼠标左键，绘制出一个圆形，效果如图 2-50 所示。

选择"椭圆"工具 ◉ ，按住 ~ 键，在页面中需要的位置单击并按住鼠标左键不放，拖曳光标到需要的位置，释放鼠标左键，可以绘制多个椭圆形，效果如图 2-51 所示。

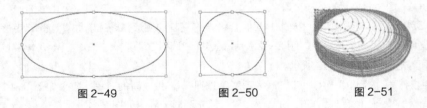

图 2-49　　　　　　　图 2-50　　　　　　　图 2-51

◎ **精确绘制椭圆形**

选择"椭圆"工具 ◉ ，在页面中需要的位置单击，弹出"椭圆"对话框，如图 2-52 所示。在对话框中，"宽度"选项可以设置椭圆形的宽度，"高度"选项可以设置椭圆形的高度。设置完成后，单击"确定"按钮，得到如图 2-53 所示的椭圆形。

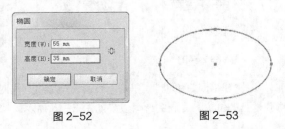

图 2-52　　　　　　　图 2-53

2. 绘制矩形和正方形

◎ **使用光标绘制矩形**

选择"矩形"工具▣，在页面中需要的位置单击并按住鼠标左键不放，拖曳光标到需要的位置，释放鼠标左键，绘制出一个矩形，效果如图 2-54 所示。

选择"矩形"工具▣，按住 Shift 键，在页面中需要的位置单击并按住鼠标左键不放，拖曳光标到需要的位置，释放鼠标左键，绘制出一个正方形，效果如图 2-55 所示。

选择"矩形"工具▣，按住 ~ 键，在页面中需要的位置单击并按住鼠标左键不放，拖曳光标到需要的位置，释放鼠标左键，绘制出多个矩形，效果如图 2-56 所示。

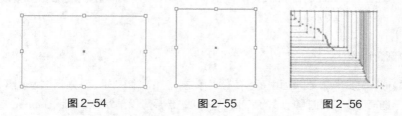

图 2-54   图 2-55   图 2-56

选择"矩形"工具▣，按住 Alt 键，在页面中需要的位置单击并按住鼠标左键不放，拖曳光标到需要的位置，释放鼠标左键，可以绘制一个以鼠标单击点为中心的矩形。

选择"矩形"工具▣，按住 Alt+Shift 组合键，在页面中需要的位置单击并按住鼠标左键不放，拖曳光标到需要的位置，释放鼠标左键，可以绘制一个以鼠标单击点为中心的正方形。

选择"矩形"工具▣，在页面中需要的位置单击并按住鼠标左键不放，拖曳光标到需要的位置，再按住 Space 键，可以暂停绘制工作而在页面上任意移动未绘制完成的矩形，释放 Space 键后可继续绘制矩形。

上述方法在"椭圆"工具◉、"圆角矩形"工具▣、"多边形"工具◉和"星形"工具☆中同样适用。

◎ **精确绘制矩形**

选择"矩形"工具▣，在页面中需要的位置单击，弹出"矩形"对话框，如图 2-57 所示。在对话框中，"宽度"选项可以设置矩形的宽度，"高度"选项可以设置矩形的高度。设置完成后，单击"确定"按钮，得到如图 2-58 所示的矩形。

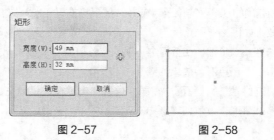

图 2-57   图 2-58

3. 绘制圆角矩形

◎ **使用光标绘制圆角矩形**

选择"圆角矩形"工具▣，在页面中需要的位置单击并按住鼠标左键不放，拖曳光标到需要的位置，释放鼠标左键，绘制出一个圆角矩形，效果如图 2-59 所示。

选择"圆角矩形"工具 ▣，按住 Shift 键，在页面中需要的位置单击并按住鼠标左键不放，拖曳光标到需要的位置，释放鼠标左键，可以绘制一个宽度和高度相等的圆角矩形，效果如图 2-60 所示。

选择"圆角矩形"工具 ▣，按住 ~ 键，在页面中需要的位置单击并按住鼠标左键不放，拖曳光标到需要的位置，释放鼠标左键，绘制出多个圆角矩形，效果如图 2-61 所示。

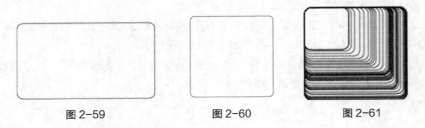

图 2-59　　　　　　　图 2-60　　　　　　　图 2-61

◎ **精确绘制圆角矩形**

选择"圆角矩形"工具 ▣，在页面中需要的位置单击，弹出"圆角矩形"对话框，如图 2-62 所示。在对话框中，"宽度"选项可以设置圆角矩形的宽度，"高度"选项可以设置圆角矩形的高度，"圆角半径"选项可以控制圆角矩形中圆角半径的长度；设置完成后，单击"确定"按钮，得到如图 2-63 所示的圆角矩形。

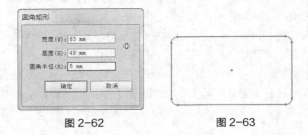

图 2-62　　　　　　　　　　图 2-63

4. 绘制星形

◎ **使用鼠标绘制星形**

选择"星形"工具 ★，在页面中需要的位置单击并按住鼠标左键不放，拖曳光标到需要的位置，释放鼠标左键，绘制出一个星形，效果如图 2-64 所示。

选择"星形"工具 ★，按住 Shift 键，在页面中需要的位置单击并按住鼠标左键不放，拖曳光标到需要的位置，释放鼠标左键，绘制出一个正星形，效果如图 2-65 所示。

选择"星形"工具 ★，按住 ~ 键，在页面中需要的位置单击并按住鼠标左键不放，拖曳光标到需要的位置，释放鼠标左键，绘制出多个星形，效果如图 2-66 所示。

图 2-64　　　　　　　图 2-65　　　　　　　图 2-66

◎ **精确绘制星形**

选择"星形"工具 ⭐，在页面中需要的位置单击，弹出"星形"对话框，如图 2-67 所示。在对话框中，"半径 1"选项可以设置从星形中心点到各外部角的顶点的距离，"半径 2"选项可以设置从星形中心点到各内部角的端点的距离，"角点数"选项可以设置星形中的边角数量。设置完成后，单击"确定"按钮，得到如图 2-68 所示的星形。

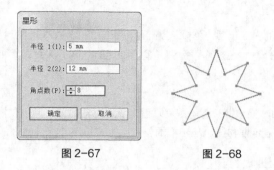

图 2-67   图 2-68

5. 使用钢笔工具

Illustrator CS6 中的钢笔工具是一个非常重要的工具。使用钢笔工具可以绘制直线、曲线和任意形状的路径，可以对线段进行精确的调整，使其更加完美。

◎ **绘制直线段**

选择"钢笔"工具 ✏️，在页面中单击鼠标确定直线的起点，如图 2-69 所示。移动鼠标到需要的位置，再次单击鼠标确定直线的终点，如图 2-70 所示。

在需要的位置再连续单击确定其他的锚点，就可以绘制出折线的效果，如图 2-71 所示。如果单击折线上的锚点，该锚点会被删除，折线的另外两个锚点将自动连接，如图 2-72 所示。

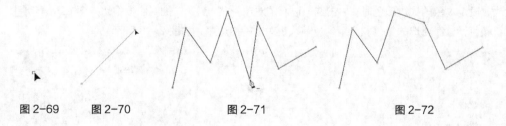

图 2-69   图 2-70   图 2-71   图 2-72

◎ **绘制曲线段**

选择"钢笔"工具 ✏️，在页面中单击并按住鼠标左键拖曳光标来确定曲线的起点。起点的两端分别出现了一条控制线，释放鼠标，如图 2-73 所示。

移动光标到需要的位置，再次单击并按住鼠标左键进行拖曳，出现了一条曲线段。拖曳光标的同时，第 2 个锚点两端也出现了控制线。按住鼠标不放，随着光标的移动，曲线段的形状也随之发生变化，如图 2-74 所示。释放鼠标，移动光标继续绘制。

如果连续地单击并拖曳鼠标，可以绘制出一些连续平滑的曲线，如图 2-75 所示。

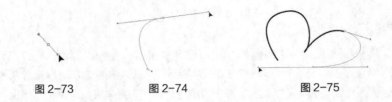

图 2-73　　　　　　　图 2-74　　　　　　　图 2-75

6. 颜色填充

　　Illustrator CS6 用于填充的内容包括"色板"控制面板中的单色对象、图案对象和渐变对象，以及"颜色"控制面板中的自定义颜色。另外，"色板库"提供了多种外挂的色谱、渐变对象和图案对象。

◎ **填充工具**

　　应用工具箱中的"填色"和"描边"工具，可以指定所选对象的填充颜色和描边颜色。当单击按钮（快捷键为 X）时，可以切换填色显示框和描边显示框的位置。按 Shift+X 组合键时，可使选定对象的颜色在填充和描边填充之间切换。

　　在"填色"和"描边"下面有 3 个按钮，它们分别是"颜色"按钮、"渐变"按钮和"无"按钮。当选择渐变填充时它不能用于图形的描边上。

◎ **"颜色"控制面板**

　　Illustrator 通过"颜色"控制面板设置对象的填充颜色。单击"颜色"控制面板右上方的图标，在弹出式菜单中选择当前取色时使用的颜色模式。无论选择哪一种颜色模式，控制面板中都将显示出相关的颜色内容，如图 2-76 所示。

　　选择"窗口 > 颜色"命令，弹出"颜色"控制面板。"颜色"控制面板上的按钮用来进行填充颜色和描边颜色之间的互相切换，操作方法与工具箱中按钮的使用方法相同。

　　将光标移动到取色区域，光标变为吸管形状，单击就可以选取颜色。拖曳各个颜色滑块或在各个数值框中输入有效的数值，可以调配出更精确的颜色，如图 2-77 所示。

　　更改或设定对象的描边颜色时，单击选取已有的对象，在"颜色"控制面板中切换到描边颜色，选取或调配出新颜色，这时新选的颜色被应用到当前选定对象的描边中，如图 2-78 所示。

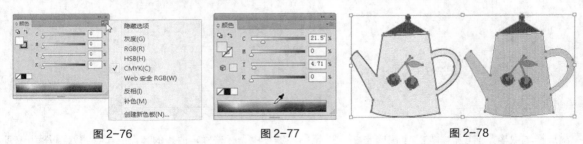

图 2-76　　　　　　　　图 2-77　　　　　　　　　图 2-78

◎ **"色板"控制面板**

　　选择"窗口 > 色板"命令，弹出"色板"控制面板，在"色板"控制面板中单击需要的颜色或样本，可以将其选中，如图 2-79 所示。

　　"色板"控制面板提供了多种颜色和图案，并且允许添加并存储自定义的颜色和图案。单击显示"色板类型"菜单按钮，可以使所有的样本显示出来；单击"新建颜色组"按钮，可以新建颜色组；单击"色板选项"按钮□，可以打开"色板"选项对话框；"新建色板"按钮□用于定义和新建一个新的样本；"删除色板"按钮□可以将选定的样本从"色板"控制面板中删除。

绘制一个图形，单击填色按钮，如图 2-80 所示。选择"窗口 > 色板"命令，弹出"色板"控制面板，在"色板"控制面板中单击需要的颜色或图案来对对象内部进行填充，效果如图 2-81 所示。

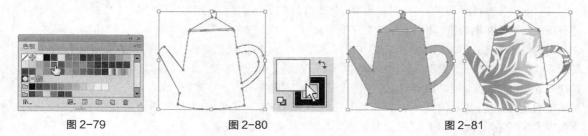

图 2-79　　　　　　　　　图 2-80　　　　　　　　　　　　　图 2-81

选择"窗口 > 色板库"命令，可以调出更多的色板库。引入外部色板库，新增的多个色板库都将显示在同一个"色板"控制面板中。

在"色板"控制面板左上角的方块标有斜红杠□，表示无颜色填充。双击"色板"控制面板中的颜色缩略图■的时候会弹出"色板选项"对话框，可以设置其颜色属性，如图 2-82 所示。

单击"色板"控制面板右上方的按钮□，将弹出下拉菜单，选择菜单中的"新建色板"命令，如图 2-83所示，可以将选中的某一颜色或样本添加到"色板"控制面板中；单击"新建色板"按钮，也可以添加新的颜色或样本到"色板"控制面板中。

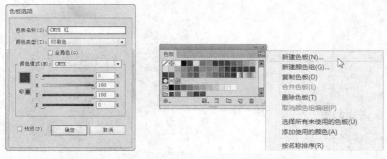

图 2-82　　　　　　　　　　　　　图 2-83

Illustrator CS6 除"色板"控制面板中默认的样本外，在其"色板库"中还提供了多种色板。选择"窗口 >色板库"命令，或单击"色板"控制面板左下角的"色板库"菜单按钮□，可以看到在其子菜单中包括了不同的样本可供选择使用。当选择"窗口 > 色板库 > 其他库"命令时，弹出对话框，可以将其他文件中的色板样本、渐变样本和图案样本导入到"色板"控制面板中。

Illustrator CS6 增强了"色板"面板的搜索功能，可以键入颜色名称或输入 CMYK 颜色值进行搜索。"查找栏"在默认情况下不启用，单击"色板"控制面板右上方的按钮□，在弹出的下拉菜单中选择"显示查找栏位"命令，面板上方显示查找选项。

7. 编辑描边

描边其实就是对象的描边线，对描边进行填充时，还可以对其进行一定的设置，如更改描边的形状、粗细以及设置为虚线描边等。

◎ 使用"描边"控制面板

选择"窗口 > 描边"命令（组合键为 Ctrl+F10），弹出"描边"控制面板，如图 2-84 所示。"描边"控制面板主要用来设置对象的描边属性，例如，粗细、形状等。

在"描边"控制面板中，"粗细"选项设置描边的宽度。"端点"选项组指定描边各线段的首端和尾端的形状样式，它有平头端点、圆头端点和方头端点 3 种不同的端点样式。"边角"选项组指定一段描边的拐点，即描边的拐角形状，它有 3 种不同的拐角接合形式，分别为斜接连接、圆角连接和斜角连接。"限制"选项设置斜角的长度，它将决定描边沿路径改变方向时伸展的长度。"对齐描边"选项组用于设置描边于路径的对齐方式，分别为使描边居中对齐、使描边内侧对齐和使描边外侧对齐。勾选"虚线"复选项可以创建描边的虚线效果。

图 2-84

◎ 设置描边的粗细

当需要设置描边的宽度时，要用到"粗细"选项，可以在其下拉列表中选择合适的粗细，也可以直接输入合适的数值。

选择"钢笔"工具，在页面中绘制一个图形并保持选取状态，效果如图 2-85 所示。在"描边"控制面板中的"粗细"选项的下拉列表中选择需要的描边粗细值，或直接输入合适的数值。本例设置的粗细数值为20pt，如图 2-86 所示，图形的描边粗细被改变，效果如图 2-87 所示。

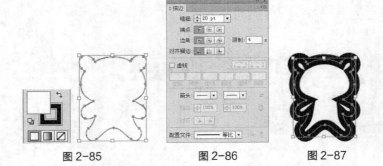

图 2-85   图 2-86   图 2-87

当要更改描边的单位时，可选择"编辑 > 首选项 > 单位"命令，弹出"首选项"对话框，如图 2-88 所示。可以在"描边"选项的下拉列表中选择需要的描边单位。

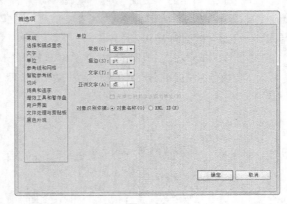

图 2-88

◎ **设置描边的填充**

保持图形为被选取的状态，如图 2-89 所示。在"色板"控制面板中单击选取所需的填充样本，对象描边的填充效果如图 2-90 所示。

提 示 不能使用渐变填充样本对描边进行填充。

图 2-89   图 2-90

保持图形为被选取的状态，如图 2-91 所示。在"颜色"控制面板中调配所需的颜色，如图 2-92 所示，或双击工具箱下方的"描边"按钮■，弹出"拾色器"对话框，如图 2-93 所示。在对话框中可以调配所需的颜色，对象描边的颜色填充效果如图 2-94 所示。

 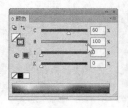 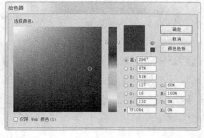 

图 2-91   图 2-92   图 2-93   图 2-94

◎ **编辑描边的样式**

"斜接限制"选项可以设置描边沿路径改变方向时的伸展长度。可以在其下拉列表中选择所需的数值，也可以在数值框中直接输入合适的数值，分别将"限制"选项设置为 2 和 20 时的对象描边，效果如图 2-95 所示。

图 2-95

端点是指一段描边的首端和末端，可以为描边的首端和末端选择不同的端点样式来改变描边端点的形状。使用"钢笔"工具 ✐ 绘制一段描边，单击"描边"控制面板中的 3 个不同端点样式的按钮 ▣▣▣，选定的端点样式会应用到选定的描边中，如图 2-96 所示。

平头端点　　　　　　　　圆头端点　　　　　　　　方头端点

图 2-96

边角是指一段描边的拐点，边角样式就是指描边拐角处的形状。该选项有斜接连接、圆角连接和斜角连接3 种不同的转角接合样式。绘制多边形的描边，单击"描边"控制面板中的 3 个不同转角接合样式按钮 ▣▣▣，选定的转角接合样式会应用到选定的描边中，如图 2-97 所示。

斜接连接　　　　　　　圆角连接　　　　　　　斜角连接

图 2-97

虚线选项里包括 6 个数值框，勾选"虚线"复选框，数值框被激活，第 1 个数值框默认的虚线值为 2pt，如图 2-98 所示。

"虚线"选项用来设定每一段虚线段的长度，数值框中输入的数值越大，虚线的长度就越长。反之虚线的长度就越短。设置不同虚线长度值的描边效果如图 2-99 所示。

"间隙"选项用来设定虚线段之间的距离，输入的数值越大，虚线段之间的距离越大。反之虚线段之间的距离就越小。设置不同虚线间隙的描边效果如图 2-100 所示。

图 2-98　　　　　　　　图 2-99　　　　　　　　　　　　图 2-100

在"描边"控制面板中有两个可供选择的下拉列表按钮 ▭▼ ▭▼，左侧的是"起点的箭头" ▭▼，右侧的是"终点的箭头" ▭▼。选中要添加箭头的曲线，如图 2-101 所示。单击"起始箭头"按钮 ▭▼，弹出"起始箭头"下拉列表框，单击需要的箭头样式，如图 2-102 所示。

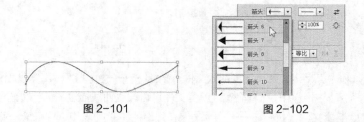

图 2-101 　　　　　　　　　　图 2-102

曲线的起始点会出现选择的箭头，效果如图 2-103 所示。单击"终点的箭头"按钮 ———｜▼，弹出"终点的箭头"下拉列表框，单击需要的箭头样式，如图 2-104 所示。曲线的终点会出现选择的箭头，效果如图 2-105 所示。

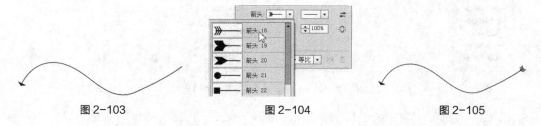

图 2-103 　　　　　　　　图 2-104 　　　　　　　　图 2-105

"互换箭头起始处和结束处"按钮 ⇄ 可以互换起始箭头和终点箭头。选中曲线，如图 2-106 所示。在"描边"控制面板中单击"互换箭头起始处和结束处"按钮 ⇄，如图 2-107 所示，效果如图 2-108 所示。

图 2-106 　　　　　　　　图 2-107 　　　　　　　　图 2-108

在"缩放"选项中，左侧的是"箭头起始处的缩放因子"按钮 ↕100%，右侧的是"箭头结束处的缩放因子"按钮 ↕100%，设置需要的数值，可以缩放曲线的起始箭头和结束箭头的大小。选中要缩放的曲线，如图 2-109 所示。单击"箭头起始处的缩放因子"按钮 ↕100%，将"箭头起始处的缩放因子"设置为 200，如图 2-110 所示，效果如图 2-111 所示。单击"箭头结束处的缩放因子"按钮 ↕100%，将"箭头结束处的缩放因子"设置为 200，效果如图 2-112 所示。

单击"缩放"选项右侧的"链接箭头起始处和结束处缩放"按钮 ⚲，可以同时改变起始箭头和结束箭头的大小。

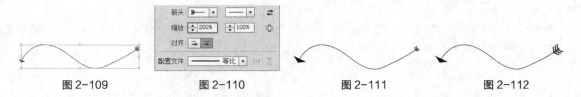

图 2-109 　　　　　　图 2-110 　　　　　　图 2-111 　　　　　　图 2-112

在"对齐"选项中，左侧的是"将箭头提示扩展到路径终点外"按钮 →｜，右侧的是"将箭头提示放置于路径终点处"按钮 →｜，这两个按钮分别可以设置箭头在终点以外和箭头在终点处。选中曲线，如图 2-113 所示。单击"将箭头提示扩展到路径终点外"按钮 →｜，如图 2-114 所示，效果如图 2-115 所示。单击"将箭头提示放置于路径终点处"按钮 →｜，箭头在终点处显示，效果如图 2-116 所示。

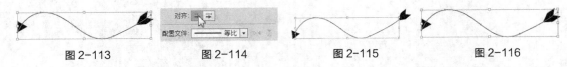

| 图 2-113 | 图 2-114 | 图 2-115 | 图 2-116 |

在"配置文件"选项中，单击"变量宽度配置文件"按钮 ，弹出宽度配置文件下拉列表，如图 2-117 所示。在下拉列表中选中任意一个宽度配置文件可以改变曲线描边的形状。选中曲线，如图 2-118 所示。单击"变量宽度配置文件"按钮 ，在弹出的下拉列表中选中任意一个宽度配置文件，如图 2-119 所示，效果如图 2-120 所示。

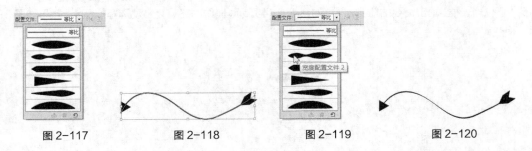

| 图 2-117 | 图 2-118 | 图 2-119 | 图 2-120 |

在"配置文件"选项右侧有两个按钮分别是"纵向翻转"按钮 和"横向翻转"按钮 。选中"纵向翻转"按钮 ，可以改变曲线描边的左右位置。"横向翻转"按钮 ，可以改变曲线描边的上下位置。

8. 对象的选取

Illustrator CS6 中提供了 5 种选择工具，包括"选择"工具 、"直接选择"工具 、"编组选择"工具 、"魔棒"工具 和"套索"工具 。他们都位于工具箱的上方，如图 2-121 所示。

图 2-121

"选择"工具 ：通过单击路径上的一点或一部分来选择整个路径。

"直接选择"工具 ：可以选择路径上独立的节点或线段，并显示出路径上的所有方向线以便于调整。

"编组选择"工具 ：可以单独选择组合对象中的个别对象。

"魔棒"工具 ：可以选择具有相同笔画或填充属性的对象。

"套索"工具 ：可以选择路径上独立的节点或线段，在直接选取套索工具拖动时，经过轨迹上的所有路径将被同时选中。

编辑一个对象之前，首先要选中这个对象。对象刚建立时一般呈选取状态，对象的周围出现矩形圈选框，矩形圈选框是由 8 个控制手柄组成的，对象的中心有一个" "形的中心标记，对象矩形圈选框的示意图如图 2-122 所示。

当选取多个对象时，可以多个对象共有 1 个矩形圈选框，多个对象的选取状态如图 2-123 所示。要取消对象的选取状态，只要在绘图页面上的其他位置单击即可。

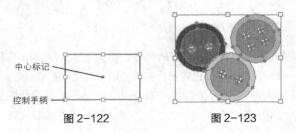

中心标记

控制手柄

| 图 2-122 | 图 2-123 |

◎ **使用选择工具选取对象**

选择"选择"工具 ，当鼠标指针移动到对象或路径上时，指针变为" "，如图 2-124 所示；当鼠标指针移动到节点上时，指针变为" "，如图 2-125 所示；单击鼠标左键即可选取对象，指针变为" "，如图 2-126 所示。

图 2-124   图 2-125   图 2-126

提 示　　按住 Shift 键，分别在要选取的对象上单击鼠标左键，即可连续选取多个对象。

选择"选择"工具 ，用鼠标在绘图页面中要选取的对象外围单击并拖曳鼠标，拖曳后会出现一个灰色的矩形圈选框，如图 2-127 所示，在矩形圈选框圈选住整个对象后释放鼠标，这时，被圈选的对象处于选取状态，如图 2-128 所示。

图 2-127   图 2-128

提 示　　用圈选的方法可以同时选取一个或多个对象。

◎ **使用直接选择工具选取对象**

选择"直接选择"工具 ，用鼠标单击对象可以选取整个对象，如图 2-129 所示。在对象的某个节点上单击，该节点将被选中，如图 2-130 所示。选中该节点不放，向下拖曳，将改变对象的形状，如图 2-131 所示。

图 2-129　　　　　　图 2-130　　　　　　图 2-131

在移动节点的时候，按住 Shift 键，节点可以沿着 45°角的整数倍方向移动；在移动节点时，按住 Alt 键，此时可以复制节点，这样就可以得到一段新路径。

◎ 使用魔棒工具选取对象

双击"魔棒"工具，弹出"魔棒"控制面板，如图 2-132 所示。

勾选"填充颜色"复选框，可以使填充相同颜色的对象同时被选中；勾选"描边颜色"复选框，可以使填充相同描边的对象同时被选中；勾选"描边粗细"复选框，可以使填充相同笔画宽度的对象同时被选中；勾选"不透明度"复选框，可以使相同透明度的对象同时被选中；勾选"混合模式"复选框，可以使相同混合模式的对象同时被选中。

图 2-132

绘制 3 个图形，如图 2-133 所示，"魔棒"控制面板的设定如图 2-134 所示，使用"魔棒"工具，单击左边的对象，那么填充相同颜色的对象都会被选取，效果如图 2-135 所示。

图 2-133　　　　　　图 2-134　　　　　　图 2-135

绘制 3 个图形，如图 2-136 所示，"魔棒"控制面板的设定如图 2-137 所示，使用"魔棒"工具，单击左边的对象，那么填充相同描边颜色的对象都会被选取，如图 2-138 所示。

图 2-136　　　　　　图 2-137　　　　　　图 2-138

◎ 使用套索工具选取对象

选择"套索"工具，在对象的外围单击并按住鼠标左键，拖曳光标绘制一个套索圈，如图 2-139 所示，释放鼠标左键，对象被选取，效果如图 2-140 所示。

图 2-139   图 2-140

选择"套索"工具 ⬚，在绘图页面中的对象外围单击并按住鼠标左键，拖曳光标在对象上绘制出一条套索线，绘制的套索线必须经过对象，效果如图 2-141 所示。套索线经过的对象将同时被选中，得到的效果如图 2-142 所示。

图 2-141   图 2-142

◎ **使用选择菜单**

Illustrator CS6 除了提供 5 种选择工具，还提供了一个"选择"菜单，如图 2-143 所示。

"全部"命令：可以将 Illustrator CS6 绘图页面上的所有对象同时选取，不包含隐藏和锁定的对象（组合键为 Ctrl+A）。

"现用画板上的全部对象"命令：可以将 Illustrator CS6 画板上的所有对象同时选取，不包含隐藏和锁定的对象（组合键为 Alt+Ctrl+A）。

"取消选择"命令：可以取消所有对象的选取状态（组合键为 Shift+Ctrl+A）。

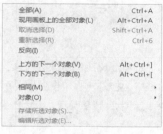

图 2-143

"重新选择"命令：可以重复上一次的选取操作（组合键为 Ctrl+6）。

"反向"命令：可以选取文档中除当前被选中的对象之外的所有对象。

"上方的下一个对象"命令：可以选取当前被选中对象之上的对象。

"下方的下一个对象"命令：可以选取当前被选中对象之下的对象。

"相同"子菜单下包含 11 个命令，即外观命令、外观属性命令、混合模式命令、填色和描边命令、填充颜色命令、不透明度命令、描边颜色命令、描边粗细命令、图形样式命令、符号实例命令和链接块系列命令。

"对象"子菜单下包含 8 个命令，即同一图层上的所有对象命令、方向手柄命令、没有对齐像素网格、毛刷画笔描边、画笔描边命令、剪切蒙版命令、游离点命令和文本对象命令。

"存储所选对象"命令：可以将当前进行的选取操作进行保存。

"编辑所选对象"命令：可以对已经保存的选取操作进行编辑。

9. 对象的缩放

在 Illustrator CS6 中，可以快速而精确地按比例缩放对象，使设计工作变得更轻松。下面介绍对象按比例缩放的方法。

◎ **使用工具箱中的工具按比例缩放对象**

选取要按比例缩放的对象，对象的周围出现控制手柄，如图 2-144 所示。用鼠标拖曳各个控制手柄可以缩放对象。拖曳对角线上的控制手柄缩放对象，如图 2-145 所示，成比例缩放对象的效果如图 2-146 所示。

图 2-144　　　　　图 2-145　　　　　图 2-146

拖曳对角线上的控制手柄时，按住 Shift 键，对象会成比例缩放。按住 Shift+Alt 组合键，对象会成比例地从对象中心缩放。

选取要成比例缩放的对象，再选择"比例缩放"工具 ，对象的中心出现缩放对象的中心控制点，用鼠标在中心控制点上单击并拖曳可以移动中心控制点的位置，如图 2-147 所示。用鼠标在对象上拖曳可以缩放对象，如图 2-148 所示。成比例缩放对象的效果如图 2-149 所示。

图 2-147　　　　　图 2-148　　　　　图 2-149

◎ **使用"变换"控制面板成比例缩放对象**

选择"窗口 > 变换"命令（组合键为 Shift+F8），弹出"变换"控制面板，如图 2-150 所示。在控制面板中，"宽"选项可以设置对象的宽度，"高"选项可以设置对象的高度。改变宽度和高度值，就可以缩放对象。

◎ **使用菜单命令缩放对象**

选择"对象 > 变换 > 缩放"命令，弹出"比例缩放"对话框，如图 2-151 所示。在对话框中，选择"等比"选项可以调节对象成比例缩放，右侧的文本框可以设置对象成比例缩放的百分比数值。选择"不等比"选项可以调节对象不成比例缩放，"水平"选项可以设置对象在水平方向上的缩放百分比，"垂直"选项可以设置对象在垂直方向上的缩放百分比。

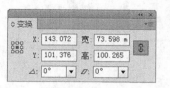

图 2-150　　　　　　　　　　图 2-151

◎ **使用鼠标右键的弹出式命令缩放对象**

在选取的要缩放的对象上单击鼠标右键，弹出快捷菜单，选择"对象 > 变换 > 缩放"命令，也可以对对象进行缩放。

 对象的移动、旋转、镜像和倾斜命令的操作也可以使用鼠标右键的弹出式命令来完成。

10. 对象的旋转

◎ **使用工具箱中的工具旋转对象**

使用"选择"工具 选取要旋转的对象，将鼠标指针移动到旋转控制手柄上，指针变为旋转符号" "，效果如图 2-152 所示。单击并拖动鼠标左键旋转对象，旋转时对象会出现蓝色虚线，指示旋转方向和角度，效果如图 2-153 所示。旋转到需要的角度后释放鼠标左键，旋转对象的效果如图 2-154 所示。

图 2-152　　　　　　　图 2-153　　　　　　　图 2-154

选取要旋转的对象，选择"自由变换"工具 ，对象的四周会出现控制柄。用鼠标拖曳控制柄，就可以旋转对象。此工具与"选择"工具 的使用方法类似。

选取要旋转的对象，选择"旋转"工具 ，对象的四周出现控制柄。用鼠标拖曳控制柄，就可以旋转对象。对象是围绕旋转中心 来旋转的，Illustrator 默认的旋转中心是对象的中心点。可以通过改变旋转中心来使对象旋转到新的位置，将光标移动到旋转中心上，单击鼠标左键拖曳旋转中心到需要的位置后，拖曳光标，如图 2-155 所示，释放鼠标，改变旋转中心后旋转对象的效果如图 2-156 所示。

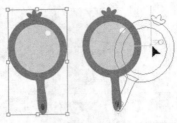

图 2-155　　　　　　　　　　　　图 2-156

◎ 使用"变换"控制面板旋转对象

选择"窗口 > 变换"命令，弹出"变换"控制面板。"变换"控制面板的使用方法和"缩放"中的使用方法相同，这里不再赘述。

◎ 使用菜单命令旋转对象

选择"对象 > 变换 > 旋转"命令或双击"旋转"工具，弹出"旋转"对话框，如图 2-157 所示。在对话框中，"角度"选项可以设置对象旋转的角度；勾选"变换对象"复选框，旋转的对象不是图案；勾选"变换图案"复选框，旋转的对象是图案；"复制"按钮用于在原对象上复制一个旋转对象。

图 2-157

11. 对象的倾斜

◎ 使用工具箱中的工具倾斜对象

选取要倾斜的对象，效果如图 2-158 所示，选择"倾斜"工具，对象的四周出现控制柄。用鼠标拖曳控制手柄或对象，倾斜时对象会出现蓝色的虚线指示倾斜变形的方向和角度，效果如图 2-159 所示。倾斜到需要的角度后释放鼠标左键，对象的倾斜效果如图 2-160 所示。

图 2-158　　　　　　　图 2-159　　　　　　　　图 2-160

◎ 使用"变换"控制面板倾斜对象

选择"窗口 > 变换"命令，弹出"变换"控制面板。"变换"控制面板的使用方法和"缩放"中的使用方法相同，这里不再赘述。

◎ 使用菜单命令倾斜对象

选择"对象 > 变换 > 倾斜"命令，弹出"倾斜"对话框，如图 2-161 所示。在对话框中，"倾斜角度"选项可以设置对象倾斜的角度。在"轴"选项组中，选择"水平"单选项，对象可以水平倾斜；选择"垂直"单选项，

图 2-161

对象可以垂直倾斜；选择"角度"单选项，可以调节倾斜的角度；"复制"按钮用于在原对象上复制一个倾斜的对象。

12. 对象的镜像

在 Illustrator CS6 中可以快速而精确地进行镜像操作，使设计和制作工作更加轻松有效。

◎ **使用工具箱中的工具镜像对象。**

选取要生成镜像的对象，如图 2-162 所示，选择"镜像"工具，用鼠标拖曳对象进行旋转，出现蓝色虚线，效果如图 2-163 所示，这样可以实现图形的旋转变换，也就是对象绕自身中心的镜像变换，镜像后的效果如图 2-164 所示。

图 2-162　　　　　　　　　图 2-163　　　　　　　　　图 2-164

用鼠标在绘图页面上任意位置单击，可以确定新的镜像轴标志" "的位置，效果如图 2-165 所示。用鼠标在绘图页面上任意位置再次单击，则单击产生的点与镜像轴标志的连线就作为镜像变换的镜像轴，对象在与镜像轴对称的地方生成镜像，对象的镜像效果如图 2-166 所示。

图 2-165　　　　　　　　　　　图 2-166

提 示　　使用"镜像"工具生成镜像对象的过程中，只能使对象本身产生镜像。要在镜像的位置生成一个对象的复制品，方法很简单，在拖曳鼠标的同时按住 Alt 键即可。"镜像"工具也可以用于旋转对象。

◎ **使用"选择"工具镜像对象。**

使用"选择"工具，选取要生成镜像的对象，效果如图 2-167 所示。按住鼠标左键直接拖曳控制手柄到相对的边，直到出现对象的蓝色虚线，如图 2-168 所示，释放鼠标左键就可以得到不规则的镜像对象，效果如图 2-169 所示。

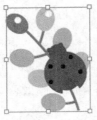

图 2-167

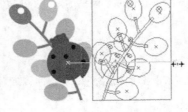

图 2-168

图 2-169

直接拖曳左边或右边中间的控制手柄到相对的边，直到出现对象的蓝色虚线，释放鼠标左键就可以得到原对象的水平镜像。直接拖曳上边或下边中间的控制手柄到相对的边，直到出现对象的蓝色虚线，释放鼠标左键就可以得到原对象的垂直镜像。

提 示　按住 Shift 键，拖曳边角上的控制手柄到相对的边，对象会成比例地沿对角线方向生成镜像。按住 Shift+Alt 组合键，拖曳边角上的控制手柄到相对的边，对象会成比例地从中心生成镜像。

◎ **使用菜单命令镜像对象。**

选择"对象 > 变换 > 对称"命令，弹出"镜像"对话框，如图 2-170 所示。在"轴"选项组中，选择"水平"单选项可以垂直镜像对象，选择"垂直"单选项可以水平镜像对象，选择"角度"单选项可以输入镜像角度的数值；在"选项"选项组中，勾选"变换对象"复选框，镜像的对象不是图案；勾选"变换图案"复选框，镜像的对象是图案；"复制"按钮用于在原对象上复制一个镜像的对象。

图 2-170

2.1.5 【实战演练】绘制校车

使用圆角矩形工具、星形工具、椭圆工具绘制图形；使用镜像工具制作图形对称效果。最终效果参看云盘中的"Ch02 > 效果 > 绘制校车"，如图 2-171 所示。

图 2-171

微课：绘制　　微课：绘制
校车 1　　　校车 2

2.2 绘制咖啡馆标志

2.2.1 【案例分析】

标志从形象来讲，一是外在的某种记号，二是内在的某种精神意义的象征。本案例是为咖啡馆绘制标志。标志的设计要求是容易识别、含义深刻、特征明显以及造型稳定，才能给人以最快的方式传递信息。

2.2.2 【设计理念】

在绘制过程中，背景大多为粉红色，给人一种甜美的感觉，咖啡色与金黄色的结合，让整个标志展现出了食物的味道，简单的手势与咖啡杯更是突出了店的主题与思想。咖啡是源于国外，用英文作为店名，一下子提高了咖啡店的档次。最终效果参看云盘中的"ChO2 > 效果 > 绘制咖啡馆标志"，如图 2-172 所示。

图 2-172

2.2.3 【操作步骤】

1. 绘制标志底图

步骤① 按 Ctrl+N 组合键，新建一个文档，宽度为 297mm，高度为 210mm，取向为横向，颜色模式为 CMYK，单击"确定"按钮。

步骤② 选择"椭圆"工具 ⬭，按住 Shift 键的同时，在页面中绘制一个圆形，如图 2-173 所示。双击"渐变"工具 ▣，弹出"渐变"控制面板，在色带上设置 3 个渐变滑块，分别将渐变滑块的位置设为 0、50、100，并设置 C、M、Y、K 的值分别为 0（8、54、87、0）、50（10、54、88、0）、100（38、71、100、2），其他选项的设置如图 2-174 所示，图形被填充为渐变色，并设置描边色为无，效果如图 2-175 所示。

微课：绘制咖啡馆标志 1

图 2-173

图 2-174

图 2-175

步骤③ 使用相同的方法在适当的位置再绘制一个圆形。在"渐变"控制面板中的色带上设置 2 个渐变滑块，分别将渐变滑块的位置设为 49、100，并设置 C、M、Y、K 的值分别为 49（11、79、28、0）、100（17、95、51、0），其他选项的设置如图 2-176 所示，图形被填充为渐变色，并设置描边色为无，效果如图 2-177 所示。

图 2-176　　　　　　　　　　　　图 2-177

步骤④ 选择"椭圆"工具 ，按住 Shift 键的同时，分别绘制两个圆形，如图 2-178 所示。选择"选择"工具 ，按住 Shift 键的同时，将两个圆形同时选取，如图 2-179 所示。

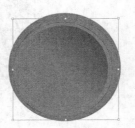

图 2-178　　　　　　　　　　　　图 2-179

步骤⑤ 选择"窗口 > 路径查找器"命令，弹出"路径查找器"控制面板，单击"减去顶层"按钮 ，如图 2-180 所示，生成新的对象，效果如图 2-181 所示。设置图形填充色的 C、M、Y、K 值分别为 3、54、88、0，填充图形，并设置描边色为无，效果如图 2-182 所示。

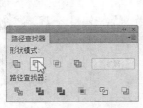

图 2-180　　　　　　图 2-181　　　　　　图 2-182

2. 绘制装饰图形

步骤① 选择"椭圆"工具 ，按住 Shift 键的同时，在页面中绘制一个圆形，设置图形填充色的 C、M、Y、K 值分别为 7、95、47、0，填充图形，并设置描边色为无，效果如图 2-183 所示。用相同的方法再绘制两个圆形，如图 2-184 所示。

步骤② 在"路径查找器"控制面板中单击"减去顶层"按钮 ，生成新的对象，效果如图 2-185 所示。选择"选择"工具 ，按住 Shift 键的同时，将底图和剪切后的图形同时选取，如图 2-186 所示。选择"对象 > 复

合路径 > 建立"命令,建立复合路径,效果如图 2-187 所示。

图 2-183　　　图 2-184　　　图 2-185　　　图 2-186　　　图 2-187

步骤 ③ 选择"椭圆"工具，按住 Shift 键的同时，在页面中分别绘制两个圆形，如图 2-188 所示。选择"选择"工具，将两个圆形同时选取。在"路径查找器"控制面板中单击"联集"按钮，将两个图形合并成一个图形，效果如图 2-189 所示。设置图形填充色的 C、M、Y、K 值分别为 2、25、49、0，填充图形，并设置描边色为无，效果如图 2-190 所示。

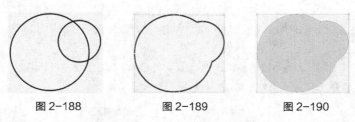

图 2-188　　　　图 2-189　　　　图 2-190

步骤 ④ 选择"椭圆"工具，按住 Shift 键的同时，在页面中分别绘制两个圆形，如图 2-191 所示。选择"选择"工具，将两个圆形同时选取。在"路径查找器"控制面板中单击"减去顶层"按钮，生成新的对象，效果如图 2-192 所示。将底图和剪切后的图形同时选取，选择"对象 > 复合路径 > 建立"命令，建立复合路径，效果如图 2-193 所示。

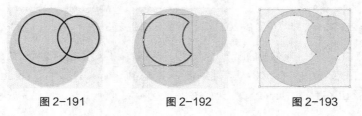

图 2-191　　　　图 2-192　　　　图 2-193

步骤 ⑤ 选择"选择"工具，分别将制作的图形拖曳到适当的位置，如图 2-194 所示。用相同的方法制作出其他图形，效果如图 2-195 所示。

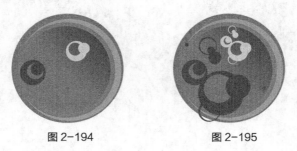

图 2-194　　　　图 2-195

3. 绘制手和杯子图形

步骤 ① 选择"钢笔"工具，在页面中单击鼠标左键来确定曲线的起始锚点，如图 2-196 所示。向右下方拖曳鼠标创建第 2 个锚点，如图 2-197 所示；向右拖曳鼠标，出现控制线，线段的形状随之改变，效果如图 2-198 所示，松开鼠标。按住 Alt 键的同时，在第 2 个锚点上单击鼠标，删除锚点右侧的控制线，如图 2-199 所示。用相同的方法继续创建锚点，绘制手图形，如图 2-200 所示。

微课：绘制咖
啡馆标志 2

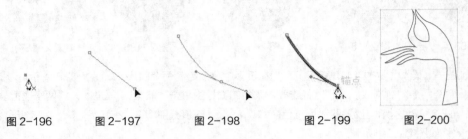

图 2-196　　图 2-197　　图 2-198　　图 2-199　　图 2-200

步骤 2　选择"选择"工具，选取图形，设置图形填充色的 C、M、Y、K 值分别为 60、73、100、36，填充图形，并设置描边色为无，效果如图 2-201 所示。用相同的方法绘制茶杯图形，并填充适当的颜色，效果如图 2-202 所示。

步骤 3　选择"选择"工具，将需要的图形同时选取。按 Ctrl+G 组合键，将其编组，如图 2-203 所示。按 Ctrl+ [组合键，将其后移一层，效果如图 2-204 所示。

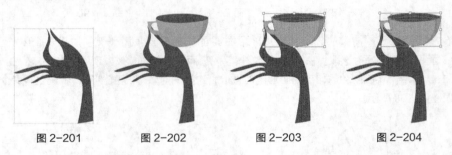

图 2-201　　图 2-202　　图 2-203　　图 2-204

步骤 4　选择"选择"工具，将需要的图形同时选取，并将其拖曳到适当的位置，效果如图 2-205 所示。按 Ctrl+O 组合键，打开云盘中的"Ch02 > 素材 > 绘制咖啡馆标志 > 01"文件，按 Ctrl+A 组合键，全选图形，复制并将其粘贴到正在编辑的页面中，效果如图 2-206 所示。咖啡馆标志绘制完成。

图 2-205　　　　　　图 2-206

2.2.4 【相关工具】

1. 复合路径

复合路径是指由两个或两个以上的开放或封闭路径所组成的路径。在复合路径中，路径间重叠在一起的公共区域被镂空，呈透明的状态，如图 2-207 和图 2-208 所示。

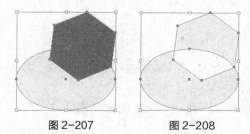

图 2-207　　　　　图 2-208

◎ **制作复合路径**

绘制两个图形，并选中这两个图形对象，效果如图 2-209 所示。选择"对象 > 复合路径 > 建立"命令（组合键为 Ctrl+8），可以看到两个对象成为复合路径后的效果，如图 2-210 所示。

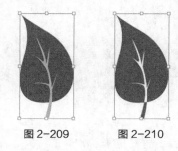

图 2-209　　　图 2-210

绘制两个图形，并选中这两个图形对象，用鼠标右键单击选中的对象，在弹出的菜单中选择"建立复合路径"命令，两个对象成为复合路径。

◎ **复合路径与编组的区别**

虽然使用"编组选择"工具 也能将组成复合路径的各个路径单独选中，但复合路径和编组是有区别的。编组是一组组合在一起的对象，其中的每个对象都是独立的，各个对象可以有不同的外观属性；而所有包含在复合路径中的路径都被认为是一条路径，整个复合路径中只能有一种填充和描边属性。复合路径与编组的差别如图 2-211 和图 2-212 所示。

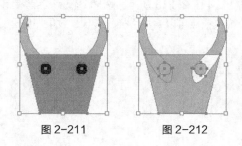

图 2-211　　　　　图 2-212

◎ **释放复合路径**

选中复合路径，选择"对象 > 复合路径 > 释放"命令（组合键为 Alt+Shift+Ctrl+8），可以释放复合路径。

选中复合路径，在绘图页面上单击鼠标右键，在弹出的菜单中选择"释放复合路径"命令，可以释放复合路径。

2. 编辑路径

Illustrator CS6 的工具箱中包括了很多路径编辑工具，可以应用这些工具对路径进行变形、转换和剪切等编辑操作。

用鼠标按住"钢笔"工具  不放，将展开钢笔工具组，如图 2-213 所示。

图 2-213

◎ **添加锚点**

绘制一段路径，如图 2-214 所示。选择"添加锚点"工具，在路径上面的任意位置单击，路径上就会增加一个新的锚点，如图 2-215 所示。

图 2-214　　　　　　　　图 2-215

◎ **删除锚点**

绘制一段路径，如图 2-216 所示。选择"删除锚点"工具，在路径上面的任意一个锚点上单击，该锚点就会被删除，如图 2-217 所示。

图 2-216　　　　　　　　图 2-217

◎ **转换锚点**

绘制一段闭合的椭圆形路径，如图 2-218 所示。选择"转换锚点"工具，单击路径上的锚点，锚点就会被转换，如图 2-219 所示。拖曳锚点可以编辑路径的形状，效果如图 2-220 所示。

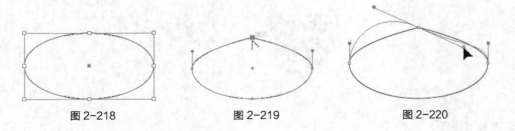

图 2-218　　　　　图 2-219　　　　　图 2-220

3. 渐变填充

渐变填充是指两种或多种不同颜色在同一条直线上逐渐过渡填充。建立渐变填充有多种方法，可以使用"渐变"工具 ，也可以使用"渐变"控制面板和"颜色"控制面板来设置选定对象的渐变颜色，还可以使用"色板"控制面板中的渐变样本。

◎ **创建渐变填充**

选择绘制好的图形，如图 2-221 所示。单击工具箱下部的"渐变"按钮，对图形进行渐变填充，效果如图 2-222 所示。选择"渐变"工具，在图形需要的位置单击设定渐变的起点并按住鼠标左键拖曳，再次单击确定渐变的终点，如图 2-223 所示，渐变填充的效果如图 2-224 所示。

| 图 2-221 | 图 2-222 | 图 2-223 | 图 2-224 |

在"色板"控制面板中单击需要的渐变样本，如图 2-225 所示，对图形进行渐变填充，效果如图 2-226 所示。

图 2-225   图 2-226

◎ **渐变控制面板**

在"渐变"控制面板中可以设置渐变参数，可选择"线性"或"径向"渐变，设置渐变的起始、中间和终止颜色，还可以设置渐变的位置和角度。

选择"窗口 > 渐变"命令，弹出"渐变"控制面板，如图 2-227 所示。从"类型"选项的下拉列表中可以选择"径向"或"线性"渐变方式，如图 2-228 所示。

在"角度"选项的数值框中显示当前的渐变角度，如图 2-229 所示，重新输入数值后单击 Enter 键，可以改变渐变的角度，如图 2-230 所示。

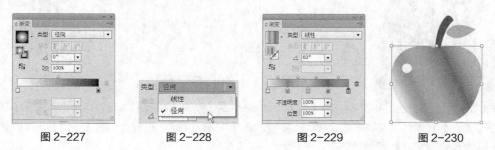

图 2-227   图 2-228   图 2-229   图 2-230

单击"渐变"控制面板下面的颜色滑块，在"位置"选项的数值框中显示出该滑块在渐变颜色中颜色位置的百分比，如图2-231所示，拖动该滑块，改变该颜色的位置，即改变颜色的渐变梯度，如图2-232所示。

图2-231　　　　　　　　图2-232

在渐变色谱条底边单击，可以添加一个颜色滑块，如图2-233所示。在"颜色"控制面板中调配颜色，如图2-234所示，可以改变添加的颜色滑块的颜色，如图2-235所示。用鼠标按住颜色滑块不放并将其拖出到"渐变"控制面板外，可以直接删除颜色滑块。

图2-233　　　　　　　图2-234　　　　　　　图2-235

◎ **线性渐变填充**

线性渐变填充是一种比较常用的渐变填充方式，通过"渐变"控制面板，可以精确地指定线性渐变的起始和终止颜色，还可以调整渐变方向；通过调整中心点的位置，可以生成不同的颜色渐变效果。当需要绘制线性渐变填充图形时，可按以下步骤操作。

选择绘制好的图形，如图2-236所示。双击"渐变"工具或选择"窗口 > 渐变"命令（组合键为Ctrl+F9），弹出"渐变"控制面板。在"渐变"控制面板色谱条中，显示程序默认的白色到黑色的线性渐变样式，如图2-237所示。在"渐变"控制面板的"类型"选项的下拉列表中选择"线性"渐变类型，如图2-238所示，图形将被线性渐变填充，效果如图2-239所示。

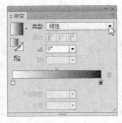

图2-236　　　　　　图2-237　　　　　　图2-238　　　　　　图2-239

单击"渐变"控制面板中的起始颜色滑块，如图2-240所示，然后在"颜色"控制面板中调配所需的颜色，设置渐变的起始颜色。再单击终止颜色滑块，如图2-241所示，设置渐变的终止颜色，如图2-242所示，图形的线性渐变填充效果如图2-243所示。

图 2-240

图 2-241

图 2-242

图 2-243

　　拖动色谱条上边的控制滑块，可以改变颜色的渐变位置，如图 2-244 所示。"位置"数值框中的数值也会随之发生变化，设置"位置"数值框中的数值也可以改变颜色的渐变位置，图形的线性渐变填充效果也将改变，如图 2-245 所示。

图 2-244

图 2-245

　　如果要改变颜色渐变的方向，可选择"渐变"工具 [图]，直接在图形中拖曳即可。当需要精确地改变渐变方向时，可通过"渐变"控制面板中的"角度"选项来控制图形的渐变方向。

◎ 径向渐变填充

　　径向渐变填充是 Illustrator CS6 的另一种渐变填充类型，与线性渐变填充不同，它是从起始颜色以圆的形式向外发散，逐渐过渡到终止颜色。它的起始颜色和终止颜色，以及渐变填充中心点的位置都是可以改变的。使用径向渐变填充可以生成多种渐变填充效果。

　　选择绘制好的图形，如图 2-246 所示。双击"渐变"工具 [图] 或选择"窗口 > 渐变"命令（组合键为 Ctrl+F9），弹出"渐变"控制面板。在"渐变"控制面板色谱条中，显示程序默认的白色到黑色的线性渐变样式，如图 2-247 所示。在"渐变"控制面板的"类型"选项的下拉列表中选择"径向"渐变类型，如图 2-248 所示，图形将被径向渐变填充，效果如图 2-249 所示。

图 2-246

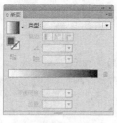

图 2-247

图 2-248

图 2-249

　　单击"渐变"控制面板中的起始颜色滑块 [图]，或终止颜色滑块 [图]，然后在"颜色"控制面板中调配颜色，即可改变图形的渐变颜色，效果如图 2-250 所示。拖动色谱条上边的控制滑块，可以改变颜色的中心渐变位置，效果如图 2-251 所示。使用"渐变"工具 [图] 绘制，可改变径向渐变的中心位置，效果如图 2-252 所示。

图 2-250 　　　　　　　　图 2-251 　　　　　　　　图 2-252

◎ **使用渐变库**

除了在"色板"控制面板中提供的渐变样式外，Illustrator CS6 还提供了一些渐变库。选择"窗口 >
色板库 > 其他库"命令，弹出"打开"对话框，在"色板 > 渐变"文件夹内包含了系统提供的渐变库，
如图 2-253 所示，在文件夹中可以选择不同的渐变库，选择后单击"打开"按钮，渐变库的效果如图 2-254
所示。

图 2-253

图 2-254

4. 渐变网格填充

应用渐变网格功能可以制作出图形颜色细微之处的变化，并且易于控制图形颜色。使用渐变网格可以对图
形应用多个方向、多种颜色的渐变填充。

◎ **使用网格工具 建立渐变网格**

使用"椭圆"工具 绘制一个椭圆形，并保持其被选取状态，如图 2-255 所示。选择"网格"工具 ，
在椭圆形中单击，将椭圆形建立为渐变网格对象，在椭圆形中增加了横竖两条线交叉形成的网格，如图 2-256
所示，继续在椭圆形中单击，可以增加新的网格，效果如图 2-257 所示。

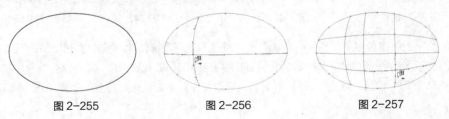

图 2-255 　　　　　　　图 2-256 　　　　　　　图 2-257

在网格中横竖两条线交叉形成的点就是网格点，而横、竖线就是网格线。

◎ 使用"创建渐变网格"命令创建渐变网格

使用"椭圆"工具 ⬭ 绘制一个椭圆形，并保持其被选取状态，如图 2-258 所示。选择"对象 > 创建渐变网格"命令，弹出"创建渐变网格"对话框，如图 2-259 所示，设置数值后，单击"确定"按钮，可以为图形创建渐变网格的填充，效果如图 2-260 所示。

图 2-258　　　　　　　　图 2-259　　　　　　　　图 2-260

"行数"选项：可以输入水平方向网格线的行数。

"列数"选项：可以输入垂直方向网络线的列数。

"外观"选项：可以选择创建渐变网格后图形高光部位的表现方式，有平淡色、至中心、至边缘 3 种方式可以选择。

"高光"选项：可以设置高光处的强度，当数值为 0 时，图形没有高光点，而是均匀的颜色填充。

◎ 添加网格点

使用"钢笔"工具 ✎，绘制并填充图形，如图 2-261 所示，选择"网格"工具 ▦ 在图形中单击，建立渐变网格对象，如图 2-262 所示，在图形中的其他位置再次单击，可以添加网格点，如图 2-263 所示，同时添加了网格线。在网格线上再次单击，可以继续添加网格点，如图 2-264 所示。

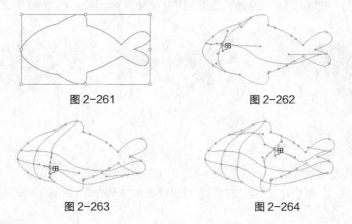

图 2-261　　　　　　　　　　　图 2-262

图 2-263　　　　　　　　　　　图 2-264

◎ 删除网格点

使用"网格"工具 ▦ 或"直接选择"工具 ▸ 单击选中网格点，如图 2-265 所示，按住 Alt 键的同时单击网格点，即可将网格点删除，效果如图 2-266 所示。

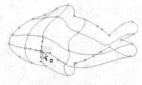

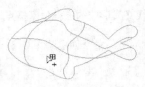

图 2-265   图 2-266

◎ **编辑网格颜色**

使用"直接选择"工具 单击选中网格点，如图 2-267 所示，在"色板"控制面板中单击需要的颜色块，如图 2-268 所示，可以为网格点填充颜色，效果如图 2-269 所示。

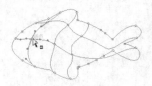

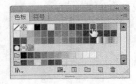

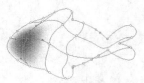

图 2-267   图 2-268   图 2-269

使用"直接选择"工具 单击选中网格，如图 2-270 所示，在"色板"控制面板中单击需要的颜色块，如图 2-271 所示，可以为网格填充颜色，效果如图 2-272 所示。

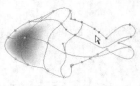

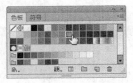

图 2-270   图 2-271   图 2-272

使用"网格"工具 在网格点上单击并按住鼠标左键拖曳网格点，可以移动网格点，效果如图 2-273 所示。拖曳网格点的控制手柄可以调节网格线，效果如图 2-274 所示。渐变网格的填色效果如图 2-275 所示。

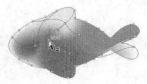

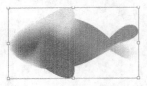

图 2-273   图 2-274   图 2-275

5. 路径查找器

在 Illustrator CS6 中编辑图形时，"路径查找器"控制面板是最常用的工具之一。它包含了一组功能强大的路径编辑命令。使用"路径查找器"控制面板可以将许多简单的路径经过特定的运算之后形成各种复杂的路径。

选择"窗口 > 路径查找器"命令（组合键为 Shift+Ctrl+F9），弹出"路径查找器"控制面板，如图 2-276 所示。

在"路径查找器"控制面板的"形状模式"选项组中有 5 个按钮，从左至右分别是"联集"按钮 、"减去顶层"按钮 、"交集"按钮 、"差集"按钮 和"扩展"按钮。

图 2-276

前 4 个按钮可以通过不同的组合方式在多个图形间制作出对应的复合图形，而"扩展"按钮则可以把复合图形转变为复合路径。

在"路径查找器"选项组中有 6 个按钮，从左至右分别是"分割"按钮、"修边"按钮、"合并"按钮、"裁剪"按钮、"轮廓"按钮和"减去后方对象"按钮。这组按钮主要是把对象分解成各个独立的部分，或删除对象中不需要的部分。

◎ "联集"按钮

在绘图页面中绘制两个图形对象，如图 2-277 所示。选中这两个对象，如图 2-278 所示，单击"联集"按钮，从而生成新的对象，取消选取状态后的效果如图 2-279 所示。新对象的填充和描边属性与位于顶部的对象的填充和描边属性相同。

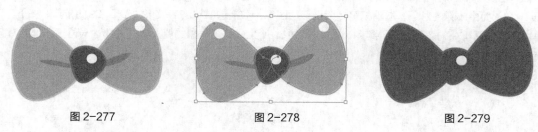

图 2-277   图 2-278   图 2-279

◎ "减去顶层"按钮

在绘图页面中绘制两个图形对象，如图 2-280 所示。选中这两个对象，如图 2-281 所示，单击"减去顶层"按钮，从而生成新的对象，取消选取状态后的效果如图 2-282 所示。"减去顶层"命令可以在最下层对象的基础上，将被上层的对象挡住的部分和上层的所有对象同时删除，只剩下最下层对象的剩余部分。

◎ "交集"按钮

在绘图页面中绘制两个图形对象，如图 2-283 所示。选中这两个对象，如图 2-284 所示，单击"交集"按钮，从而生成新的对象，取消选取状态后的效果如图 2-285 所示。"交集"命令可以将图形没有重叠的部分删除，而仅仅保留重叠部分。所生成的新对象的填充和描边属性与位于顶部的对象的填充和描边属性相同。

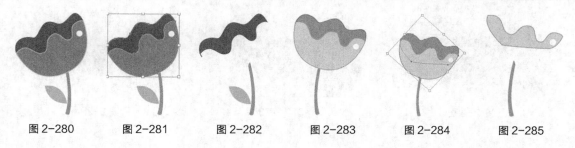

图 2-280   图 2-281   图 2-282   图 2-283   图 2-284   图 2-285

◎ "差集"按钮

在绘图页面中绘制两个图形对象，如图 2-286 所示。选中这两个对象，如图 2-287 所示，单击"差集"按钮，从而生成新的对象，取消选取状态后的效果如图 2-288 所示。"差集"命令可以删除对象间重叠的部分。所生成的新对象的填充和笔画属性与位于顶部的对象的填充和描边属性相同。

图 2-286   图 2-287   图 2-288

◎ **"分割"按钮**

在绘图页面中绘制两个图形对象，如图 2-289 所示。选中这两个对象，如图 2-290 所示，单击"分割"按钮，从而生成新的对象，取消编组并分别移动图像，取消选取状态后效果如图 2-291 所示。"分割"命令可以分离相互重叠的图形，而得到多个独立的对象。所生成的新对象的填充和笔画属性与位于顶部的对象的填充和描边属性相同。

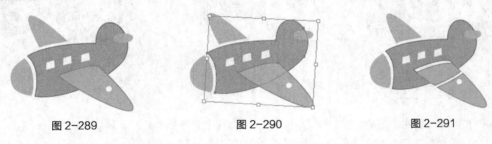

图 2-289   图 2-290   图 2-291

◎ **"修边"按钮**

在绘图页面中绘制两个图形对象，如图 2-292 所示。选中这两个对象，如图 2-293 所示，单击"修边"按钮，从而生成新的对象，取消编组并分别移动图像，取消选取状态后的效果如图 2-294 所示。"修边"命令对于每个单独的对象而言，均被裁减分成包含有重叠区域的部分和重叠区域之外的部分，新生成的对象保持原来的填充属性。

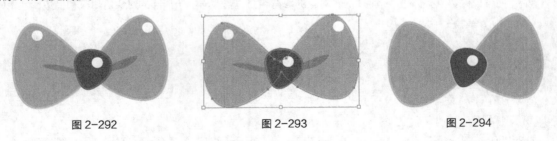

图 2-292   图 2-293   图 2-294

◎ **"合并"按钮**

在绘图页面中绘制两个图形对象，如图 2-295 所示。选中这两个对象，如图 2-296 所示，单击"合并"按钮，从而生成新的对象，取消编组并分别移动图像，取消选取状态后效果如图 2-297 所示。如果对象的填充和描边属性都相同，"合并"命令将把所有的对象组成一个整体后合为一个对象，但对象的描边色将变为没有；如果对象的填充和笔画属性都不相同，则"合并"命令就相当于"裁剪"按钮的功能。

◎ "裁剪"按钮 ▣

在绘图页面中绘制两个图形对象，如图 2-298 所示。选中这两个对象，如图 2-299 所示，单击"裁剪"按钮 ▣，从而生成新的对象，取消选取状态后的效果如图 2-300 所示。"裁剪"命令的工作原理和蒙版相似，对重叠的图形来说，修剪命令可以把所有放在最前面对象之外的图形部分修剪掉，同时最前面的对象本身将消失。

图 2-295　　　图 2-296　　　图 2-297　　　图 2-298　　　图 2-299　　　图 2-300

◎ "轮廓"按钮 ▣

在绘图页面中绘制两个图形对象，如图 2-301 所示。选中这两个对象，如图 2-302 所示，单击"轮廓"按钮 ▣，从而生成新的对象，取消选取状态后的效果如图 2-303 所示。"轮廓"命令勾勒出所有对象的轮廓。

图 2-301　　　　　　　图 2-302　　　　　　　图 2-303

◎ 减去后方对象按钮 ▣

在绘图页面中绘制两个图形对象，如图 2-304 所示。选中这两个对象，如图 2-305 所示，单击"减去后方对象"按钮 ▣，从而生成新的对象，取消选取状态后的效果如图 2-306 所示。"减去后方对象"命令可以使位于最底层的对象裁减去位于该对象之上的所有对象。

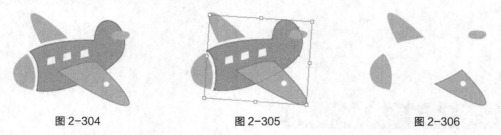

图 2-304　　　　　　　图 2-305　　　　　　　图 2-306

2.2.5 【实战演练】绘制新年贺卡

使用矩形工具和网格工具制作背景效果；使用复制/粘贴命令添加装饰图形；使用文字工具、填充工具和旋转工具添加主体文字；使用文字工具和变形命令添加祝福语。最终效果参看云盘中的"Ch02 > 效果 > 绘制新年贺卡"，如图 2-307 所示。

图 2-307

2.3　综合演练——绘制婴儿贴

2.3.1　【案例分析】

本案例制作的是婴儿帖上的图标，要求让人一眼看到就知道是婴儿用品，要贴合主题，表现出婴儿帖给予孩子的舒适感。

2.3.2　【设计理念】

在绘制的过程中，蓝色的圆三角衬托出一个聪明、洁净、有朝气的婴儿。淡蓝色的云朵不但补充了孩子的身体，还结合文字，表达了在云中的婴儿就像天使，也体现了婴儿帖的舒适感。

2.3.3　【知识要点】

使用多边形工具、圆角命令制作婴儿贴底部；使用偏移路径命令创建外部路径；使用椭圆工具、简化命令制作腮红；使用文字工具添加文字。最终效果参看云盘中的"Ch02 > 效果 > 绘制婴儿贴"，如图 2-308 所示。

图 2-308

2.4　综合演练——绘制播放图标

2.4.1　【案例分析】

随着信息化的发展，各种 App 软件蜂拥而来，图标更是种类繁多，播放图标也是形状各异。一个好的播放图标能让人轻易看出它所代表的含义以及给人想要触碰的想法。本案例是绘制播放图标，表现出音乐的魅力。

2.4.2 【设计理念】

在绘制过程中，淡蓝到深蓝的渐变，让人感受到了音乐流动的气息，也表现出音乐让人安定心神，缓解情绪。简洁的图标，让人一眼就能看出是播放图标，图标下的投影让图标显得更加立体，给人一种想要点击的冲动。

2.4.3 【知识要点】

使用矩形工具和渐变工具绘制背景；使用椭圆工具、渐变工具、路径查找器控制面板和多边形工具制作播放器图形和按钮；使用圆角矩形和剪切蒙版命令制作圆角图像效果；使用文字工具输入文字。最终效果参看云盘中的"Ch02 > 效果 > 绘制播放图标"，如图 2-309 所示。

图 2-309

微课：绘制
播放图标

第3章 插画设计

现代插画艺术发展迅速，已经被广泛应用于杂志、周刊、广告、包装和纺织品领域。使用 Illustrator 绘制的插画简洁明快、独特新颖、形式多样，已经成为最流行的插画表现形式。本章以多个主题插画为例，讲解插画的绘制方法和制作技巧。

课堂学习目标

● 掌握插画的绘制思路和过程　　　　● 掌握插画的绘制方法和技巧
● 掌握绘制插画的相关工具

3.1 绘制自然风景插画

3.1.1 【案例分析】

插画以其直观的形象、真实的生活感和美的感染力，在现代设计中占有特定的地位，已广泛用于现代设计的多个领域。本案例是绘制自然风景插画，插画的要求是符合主题内容，插画的搭配合理，要求表现出大自然的生机。

3.1.2 【设计理念】

在绘制过程中，蓝色的天空中飘着几朵洁白的云朵，给人无限的遐想，光线正好的阳光表达出一个阳光明媚的好天气，让人心情愉快，高山、大树、绿草和花儿，表现了一派春意盎然的景象。翩翩起舞的蝴蝶给这幅美好的春光图增添了几分生机，让人感到真实和美。最终效果参看云盘中的"Ch03 > 效果 > 绘制自然风景插画"，如图3-1所示。

图 3-1

微课：绘制
自然风景
插画

3.1.3 【操作步骤】

步骤① 按 Ctrl+N 组合键，新建一个文档，宽度为 150mm，高度为 150mm，取向为竖向，颜色模式为 CMYK，单击"确定"按钮。

步骤② 选择"矩形"工具 ▣，按住 Shift 键的同时，绘制一个与页面大小相等的正方形。双击"渐变"工具 ▣，弹出"渐变"控制面板，在色带上设置 2 个渐变滑块，分别将渐变滑块的位置设为 25、91，并设置 C、M、Y、K 的值分别为 25（42、0、16、0）、91（65、18、23、0），其他选项的设置如图 3-2 所示，图形被填充为渐变色，并设置描边色为无，效果如图 3-3 所示。

步骤③ 选择"椭圆"工具 ⬭，按住 Shift 键的同时，在适当的位置绘制圆形。填充与上方矩形相同的渐变色，并设置描边色为无，效果如图 3-4 所示。

图 3-2

图 3-3

图 3-4

步骤④ 选择"选择"工具 ▶，选取绘制的正方形。按 Ctrl+C 组合键，复制图形。按 Ctrl+F 组合键，粘贴在前面。按 Ctrl+[组合键，后移一层。

步骤⑤ 选择"选择"工具 ▶，按住 Shift 键的同时，分别单击需要的图形，将其同时选取。选择"对象 > 复合路径 > 建立"命令，建立复合路径，效果如图 3-5 所示。选择"窗口 > 透明度"命令，弹出"透明度"控制面板，选项的设置如图 3-6 所示，效果如图 3-7 所示。

图 3-5

图 3-6

图 3-7

步骤⑥ 选择"钢笔"工具 ✎，在适当的位置绘制图形，设置图形填充色的 C、M、Y、K 值分别为 35、0、14、0，填充图形，并设置描边色为无，效果如图 3-8 所示。在"透明度"控制面板中进行设置，如图 3-9 所示，效果如图 3-10 所示。

图 3-8

图 3-9

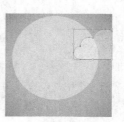
图 3-10

步骤⑦ 选择"椭圆"工具 ⬭ ，按住 Shift 键的同时，在适当的位置绘制圆形。在"渐变"控制面板中的色带上设置 2 个渐变滑块，分别将渐变滑块的位置设为 25、94，并设置 C、M、Y、K 的值分别为 25（0、0、0、0）、94（5、20、88、0），将"不透明度"选项分别设为 0% 和 95%，其他选项的设置如图 3-11 所示，图形被填充为渐变色，并设置描边色为无，效果如图 3-12 所示。

图 3-11   图 3-12

步骤⑧ 选择"椭圆"工具 ⬭ ，按住 Shift 键的同时，在适当的位置绘制圆形。在"渐变"控制面板中的色带上设置 2 个渐变滑块，分别将渐变滑块的位置设为 0、100，并设置 C、M、Y、K 的值分别为 0（6、12、80、0）、100（3、33、88、0），其他选项的设置如图 3-13 所示，图形被填充为渐变色，并设置描边色为无，效果如图 3-14 所示。

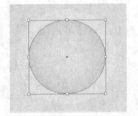

图 3-13   图 3-14

步骤⑨ 选择"钢笔"工具 ✐ ，在适当的位置绘制一个图形。在"渐变"控制面板中的色带上设置 2 个渐变滑块，分别将渐变滑块的位置设为 0、96，并设置 C、M、Y、K 的值分别为 0（45、0、85、0）、96（72、17、93、0），其他选项的设置如图 3-15 所示，图形被填充渐变色，并设置描边色为无，效果如图 3-16 所示。

图 3-15   图 3-16

步骤⑩ 选择"钢笔"工具 ✐ ，在适当的位置绘制一个图形。在"渐变"控制面板中的色带上设置 2 个渐变滑块，分别将渐变滑块的位置设为 0、93，并设置 C、M、Y、K 的值分别为 0（45、0、85、0）、93（78、21、100、0），其他选项的设置如图 3-17 所示，图形被填充渐变色，并设置描边色为无，效果如图 3-18 所示。

图 3-17 图 3-18

步骤 ⑪ 选择"钢笔"工具 ，在适当的位置绘制一个图形。填充与上方图形相同的渐变色，并设置描边色为无，效果如图 3-19 所示。在"透明度"控制面板中进行设置，如图 3-20 所示，效果如图 3-21 所示。

图 3-19 图 3-20 图 3-21

步骤 ⑫ 选择"窗口 > 符号库 > 自然"命令，弹出"自然"控制面板，选取需要的符号，如图 3-22 所示。拖曳符号到适当的位置并调整其大小，效果如图 3-23 所示。用相同方法添加其他符号，效果如图 3-24 所示。

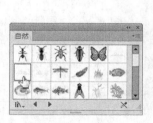

图 3-22 图 3-23 图 3-24

步骤 ⑬ 选择"椭圆"工具 ，按住 Shift 键的同时，在适当的位置绘制圆形。填充与上方图形相同的渐变色，并设置描边色为无，效果如图 3-25 所示。在"透明度"控制面板中进行设置，如图 3-26 所示，效果如图 3-27 所示。

图 3-25 图 3-26 图 3-27

步骤 ⑭ 选择"矩形"工具 ，绘制一个矩形。在"渐变"控制面板中的色带上设置 2 个渐变滑块，分别将渐变滑块的位置设为 12、92，并设置 C、M、Y、K 的值分别为 12（58、76、100、36）、92（54、60、100、

10），其他选项的设置如图 3-28 所示，图形被填充为渐变色，并设置描边色为无，效果如图 3-29 所示。

图 3-28   图 3-29

步骤⑮ 选择"选择"工具，按住 Shift 键的同时，单击需要的图形，将其同时选取。按 Ctrl+G 组合键，将其编组，效果如图 3-30 所示。按住 Alt 键的同时，分别将图形拖曳到适当的位置，复制图形并分别调整其大小，效果如图 3-31 所示。自然风景插画绘制完成。

图 3-30   图 3-31

3.1.4 【相关工具】

1. 透明度控制面板

透明度是 Illustrator 中对象的一个重要外观属性。Illustrator CS6 的透明度设置绘图页面上的对象可以是完全透明、半透明或不透明 3 种状态。在"透明度"控制面板中，可以给对象添加不透明度，还可以改变混合模式，从而制作出新的效果。

选择"窗口 > 透明度"命令组合键为 Shift+Ctrl+F10，弹出"透明度"控制面板，如图 3-32 所示。单击控制面板右上方的图标，在弹出的菜单中选择"显示缩览图"命令，可以将"透明度"控制面板中的缩览图显示出来，如图 3-33 所示。在弹出的菜单中选择"显示选项"命令，可以将"透明度"控制面板中的选项显示出来，如图 3-34 所示。

图 3-32   图 3-33   图 3-34

◎ **表面属性**

在图 3-35 所示的"透明度"控制面板中，当前选中对象的缩略图出现在其中。当"不透明度"选项设置为不同的数值时，效果如图 3-36 所示（默认状态下，对象是完全不透明的）。

 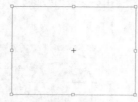  

图 3-35

不透明度值为 0 时　不透明度值为 50 时　不透明度值为 100 时

图 3-36

"隔离混合"选项：可以使不透明度设置只影响当前组合或图层中的其他对象。

"挖空组"选项：可以使不透明度设置不影响当前组合或图层中的其他对象，但背景对象仍然受影响。

"不透明度和蒙版用来定义挖空形状"选项：可以使用不透明度蒙版来定义对象的不透明度所产生的效果。

选中"图层"控制面板中要改变不透明度的图层，用鼠标单击图层右侧的图标○，将其定义为目标图层，在"透明度"控制面板的"不透明度"选项中调整不透明度的数值，此时的调整会影响到整个图层不透明度的设置，包括此图层中已有的对象和将来绘制的任何对象。

◎ 下拉菜单命令

单击"透明度"控制面板右上方的图标▼≡，弹出其下拉菜单，如图 3-37 所示。

"建立不透明蒙版"命令可以将蒙版的不透明度设置应用到它所覆盖的所有对象中。

在绘图页面中选中两个对象，如图 3-38 所示，选择"建立不透明蒙版"命令，"透明度"控制面板显示的效果如图 3-39 所示，制作不透明蒙版的效果如图 3-40 所示。

 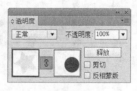 

图 3-37　　　图 3-38　　　图 3-39　　　图 3-40

选择"释放不透明蒙版"命令，制作的不透明蒙版将被释放，对象恢复原来的效果。选中制作的不透明蒙版，选择"停用不透明蒙版"命令，不透明蒙版被禁用，"透明度"控制面板的变化如图 3-41 所示。

选中制作的不透明蒙版，选择"取消链接不透明蒙版"命令，蒙版对象和被蒙版对象之间的链接关系被取消。"透明度"控制面板中，蒙版对象和被蒙版对象缩略图之间的"指名不透明蒙版链接到图稿"按钮 ⁸，转换为"单击可将不透明蒙版链接到图稿"按钮 ⬚，如图 3-42 所示。

 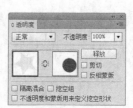

图 3-41　　　图 3-42

选中制作的不透明蒙版，勾选"透明度"控制面板中的"剪切"复选框，如图 3-43 所示，不透明蒙版的变化效果如图 3-44 所示。勾选"透明度"控制面板中的"反相蒙版"复选框，如图 3-45 所示，不透明蒙版的变化效果如图 3-46 所示。

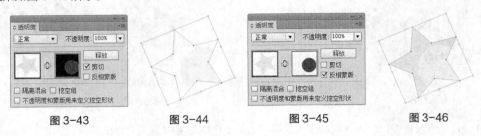

| 图 3-43 | 图 3-44 | 图 3-45 | 图 3-46 |

◎ 混合模式

在"透明度"控制面板中提供了 16 种混合模式，如图 3-47 所示。打开一幅图像，如图 3-48 所示。在图像上选择需要的图形，如图 3-49 所示。分别选择不同的混合模式，可以观察图像的不同变化，效果如图 3-50 所示。

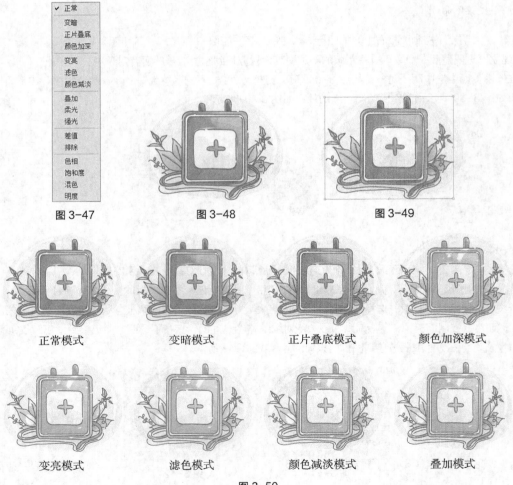

图 3-47　　　　　　图 3-48　　　　　　图 3-49

正常模式　　　　变暗模式　　　　正片叠底模式　　　颜色加深模式

变亮模式　　　　滤色模式　　　　颜色减淡模式　　　叠加模式

图 3-50

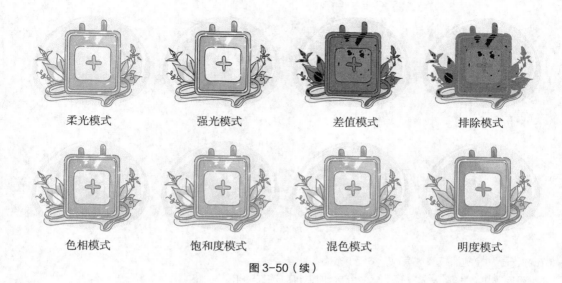

柔光模式　　　　强光模式　　　　差值模式　　　　排除模式

色相模式　　　　饱和度模式　　　　混色模式　　　　明度模式

图 3-50 （续）

2. 使用符号

符号是一种能存储在"符号"控制面板中，并且在一个插图中可以多次重复使用的对象。Illustrator CS6 提供了"符号"控制面板，专门用来创建、存储和编辑符号。

当需要在一个插图中多次制作同样的对象，并需要对对象进行多次类似的编辑操作时，可以使用符号来完成。这样，可以大大提高效率，节省时间。例如，在一个网站设计中多次应用到一个按钮的图样，这时就可以将这个按钮的图样定义为符号范例，这样可以对按钮符号进行多次重复使用。利用符号体系工具组中的相应工具可以对符号范例进行各种编辑操作。默认设置下的"符号"控制面板如图 3-51 所示。

在插图中如果应用了符号集合，那么当使用选择工具选取符号范例时，则把整个符号集合同时选中。此时被选中的符号集合只能被移动，而不能被编辑。图 3-52 所示为应用到插图中的符号范例与符号集合。

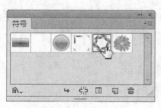

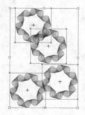

图 3-51　　　　　　　　图 3-52

 提 示

在 Illustrator CS6 中的各种对象，如普通的图形、文本对象、复合路径、渐变网格等均可以被定义为符号。

◎ "符号"控制面板

"符号"控制面板具有创建、编辑和存储符号的功能。单击控制面板右上方的图标 ，弹出其下拉菜单，如图 3-53 所示。

图 3-53

在"符号"控制面板下边有以下 6 个按钮。

"符号库菜单"按钮 Ⅲ▾：包括了多种符合库，可以选择调用。

"置入符号实例"按钮 ↦：可以将当前选中的一个符号范例放置在页面的中心。

"断开符号链接"按钮 ：可以将添加到插图中的符号范例与"符号"控制面板断开链接。

"符号选项"按钮 ▤：单击该按钮可以打开"符号选项"对话框，并进行设置。

"新建符号"按钮 ▢：单击该按钮可以将选中的要定义为符号的对象添加到"符号"控制面板中作为符号。

"删除符号"按钮 🗑：单击该按钮可以删除"符号"控制面板中被选中的符号。

◎ **创建符号**

单击"新建符号"按钮 ▢ 可以将选中的要定义为符号的对象添加到"符号"控制面板中作为符号。

将选中的对象直接拖曳到"符号"控制面板中也可以创建符号，如图 3-54 所示。

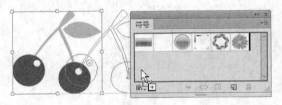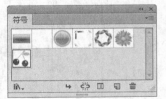

图 3-54

◎ **应用符号**

在"符号"控制面板中选中需要的符号，直接将其拖曳到当前插图中，得到一个符号范例，如图 3-55 所示。

选择"符号喷枪"工具 🖩 可以同时创建多个符号范例，并且可以将它们作为一个符号集合。

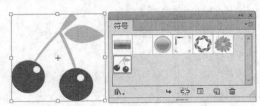

图 3-55

◎ **符号工具**

Illustrator CS6 工具箱的符号工具组中提供了 8 个符号工具，展开的符号工具组如图 3-56 所示。

"符号喷枪"工具：创建符号集合，可以将"符号"控制面板中的符号对象应用到插图中。

"符号移位器"工具：移动符号范例。

"符号紧缩器"工具：对符号范例进行缩紧变形。

"符号缩放器"工具：对符号范例进行放大操作。按住 Alt 键，可以对符号范例进行缩小操作。

"符号旋转器"工具：对符号范例进行旋转操作。

"符号着色器"工具：使用当前颜色为符号范例填色。

"符号滤色器"工具：增加符号范例的透明度。按住 Alt 键，可以减小符号范例的透明度。

"符号样式器"工具：将当前样式应用到符号范例中。

设置符号工具的属性，双击任意一个符号工具将弹出"符号工具选项"对话框，如图 3-57 所示。

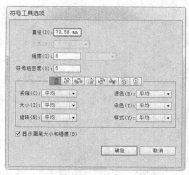

图 3-56   图 3-57

"直径"选项：设置笔刷直径的数值。这时的笔刷指的是选取符号工具后光标的形状。

"强度"选项：设定拖曳鼠标时，符号范例随鼠标变化的速度，数值越大，被操作的符号范例变化越快。

"符号组密度"选项：设定符号集合中包含符号范例的密度，数值越大，符号集合所包含的符号范例的数目就越多。

"显示画笔大小和强度"复选框：勾选该复选框，在使用符号工具时可以看到笔刷，不勾选该复选框则隐藏笔刷。

使用符号工具应用符号的具体操作如下。

选择"符号喷枪"工具，光标将变成一个中间有喷壶的圆形，如图 3-58 所示。在"符号"控制面板中选取一种需要的符号对象，如图 3-59 所示。

在页面上按住鼠标左键不放并拖曳光标，符号喷枪工具将沿着拖曳的轨迹喷射出多个符号范例，这些符号范例将组成一个符号集合，如图 3-60 所示。

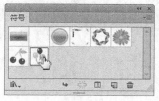

图 3-58   图 3-59   图 3-60

　　使用"选择"工具 选中符号集合，再选择"符号移位器"工具 ，将光标移到要移动的符号范例上按住鼠标左键不放并拖曳光标，在光标之中的符号范例将随其移动，如图 3-61 所示。

　　使用"选择"工具 选中符号集合，选择"符号紧缩器"工具 ，将光标移到要使用符号紧缩器工具的符号范例上，按住鼠标左键不放并拖曳光标，符号范例被紧缩，如图 3-62 所示。

　　使用"选择"工具 选中符号集合，选择"符号缩放器"工具 ，将光标移到要调整的符号范例上，按住鼠标左键不放并拖曳光标，在光标之中的符号范例将变大，如图 3-63 所示。按住 Alt 键，则可缩小符号范例。

图 3-61　　　　　　　　　图 3-62　　　　　　　　　图 3-63

　　使用"选择"工具 选中符号集合，选择"符号旋转器"工具 ，将光标移到要旋转的符号范例上，按住鼠标左键不放并拖曳光标，在光标之中的符号范例将发生旋转，如图 3-64 所示。

　　在"色板"控制面板或"颜色"控制面板中设定一种颜色作为当前色，使用"选择"工具 选中符号集合，选择"符号着色器"工具 ，将光标移到要填充颜色的符号范例上，按住鼠标左键不放并拖曳光标，在光标中的符号范例被填充上当前色，如图 3-65 所示。

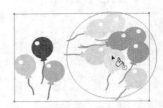

图 3-64　　　　　　　　　　　　　图 3-65

　　使用"选择"工具 选中符号集合，选择"符号滤色器"工具 ，将光标移到要改变透明度的符号范例上，按住鼠标左键不放并拖曳光标，在光标中的符号范例的透明度将被增大，如图 3-66 所示。按住 Alt 键，可以减小符号范例的透明度。

　　使用"选择"工具 选中符号集合，选择"符号样式器"工具 ，在"图形样式"控制面板中选中一种样式，将光标移到要改变样式的符号范例上，按住鼠标左键不放并拖曳光标，在光标中的符号范例将被改变样式，如图 3-67 所示。

　　使用"选择"工具 选中符号集合，选择"符号喷枪"工具 ，按住 Alt 键，在要删除的符号范例上按住鼠标左键不放并拖曳光标，光标经过的区域中的符号范例被删除，如图 3-68 所示。

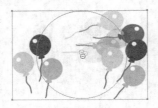
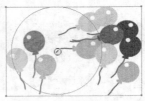
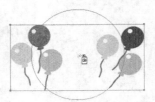

图 3-66　　　　　　　　　图 3-67　　　　　　　　　图 3-68

3. 编组

使用"编组"命令，可以将多个对象组合在一起使其成为一个对象。使用"选择"工具 ⮕，选取要编组的图像，编组之后，单击任何一个图像，其他图像都会被一起选取。

◎ 创建组合

选取要编组的对象，如图 3-69 所示，选择"对象 > 编组"命令（组合键为 Ctrl+G），将选取的对象组合，组合后的图像，选择其中的任何一个图像，其他的图像也会同时被选取，如图 3-70 所示。

将多个对象组合后，其外观并没有变化，当对任何一个对象进行编辑时，其他对象也随之产生相应的变化。如果需要单独编辑组合中的个别对象，而不改变其他对象的状态，可以应用"编组选择"工具 ⮕ 进行选取。选择"编组选择"工具 ⮕，用鼠标单击要移动的对象并按住鼠标左键不放，拖曳对象到合适的位置，效果如图 3-71 所示，其他的对象并没有变化。

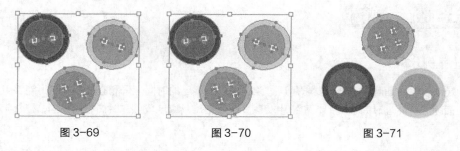

图 3-69　　　　　　　图 3-70　　　　　　　图 3-71

"编组"命令还可以将几个不同的组合进行进一步的组合，或在组合与对象之间进行进一步的组合。在几个组之间进行组合时，原来的组合并没有消失，它与新得到的组合是嵌套的关系。组合不同图层上的对象，组合后所有的对象将自动移动到最上边对象的图层中，并形成组合。

◎ 取消组合

选取要取消组合的对象，如图 3-72 所示。选择"对象 > 取消编组"命令（组合键为 Shift+Ctrl+G），取消组合的图像。取消组合后的图像，可通过单击鼠标选取任意一个图像，如图 3-73 所示。

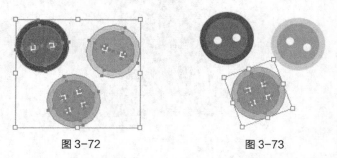

图 3-72　　　　　　　　图 3-73

进行一次"取消编组"命令只能取消一层组合，例如，两个组合使用"编组"命令得到一个新的组合。应用"取消编组"命令取消这个新组合后，得到两个原始的组合。

3.1.5 【实战演练】制作生日蛋糕插画

使用矩形工具和椭圆工具绘制背景效果；使用符号控制面板添加喜庆和蛋糕图形；使用文字工具添加祝福

文字。最终效果参看云盘中的"Ch03 > 效果 > 制作生日蛋糕插画"，如图 3-74 所示。

微课：制作
生日蛋糕
插画

图 3-74

3.2 绘制时尚插画

3.2.1 【案例分析】

本案例是绘制时尚插画，插画的要求是通过绘画表现出自己的时尚理念和态度。绘制出能够引领时尚潮流的人和物的插画或者通过时尚潮流的人和物中获取灵感绘制出具有现代感和时尚感的插画，符合年轻女性的喜好。

3.2.2 【设计理念】

在绘制过程中，插画背景是以宽度不一，颜色不同的矩形拼贴而成，展现出时尚多彩的形象。剪影手法的人衬托出了衣服的美感，人物由大到小，由远及近让整个画面显得很有空间感。许多丰富的小图形，体现出活泼且不呆板的画面。不同颜色的衣服，冷暖合理搭配，让整个插画面协调，色彩艳丽，具有很强的都市感。最终效果参看云盘中的"Ch03 > 效果> 绘制时尚插画"，如图 3-75 所示。

图 3-75

3.2.3 【操作步骤】

1. 制作底图

步骤① 按 Ctrl+N 组合键，新建一个文档，宽度为 210mm，高度为 297mm，取向为竖向，颜色模式为CMYK，单击"确定"按钮。

步骤② 选择"矩形"工具 ▣，在页面中单击鼠标，弹出"矩形"对话框，选项的设置如图
3-76 所示，单击"确定"按钮，得到一个矩形，效果如图 3-77 所示。

微课：绘制
时尚插画 1

图 3-76　　　　　　　　图 3-77

步骤③ 选择"选择"工具 ▶，拖曳矩形到适当的位置，设置图形填充色的 C、M、Y、K 值分别为 0、20、80、
0，填充图形，效果如图 3-78 所示。使用相同方法绘制其他图形，并填充适当的颜色，效果如图 3-79 所示。

图 3-78　　　　　　　　图 3-79

2. 绘制装饰图形

步骤① 选择"钢笔"工具 ✎，在页面中绘制一个不规则图形。选择"选择"工具 ▶，设置图形填充色的 C、
M、Y、K 值分别为 0、0、20、0，填充图形；并设置描边色的 C、M、Y、K 值分别为 10、80、100、20，
填充描边。在属性栏中将"描边粗细"选项设为 4pt，按 Enter 键确认操作，效果如图 3-80 所示。

步骤② 按 Ctrl+C 组合键，复制图形。按 Ctrl+F 组合键，将其粘贴在前面。按住 Alt+Shift 组合键的同时，
等比例缩小复制的图形，并将填充色设置为无，效果如图 3-81 所示。选择"窗口 > 描边"命令，在弹出的面
板中进行设置，如图 3-82 所示，按 Enter 键确认操作，效果如图 3-83 所示。

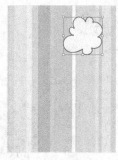

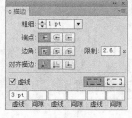

图 3-80　　　　　　图 3-81　　　　　　图 3-82　　　　　　图 3-83

步骤③ 选择"选择"工具 ，按住 Shift 键的同时，将两个图形同时选取。按 Ctrl+G 组合键，将其编组。按住 Alt 键的同时，向左拖曳图形到适当的位置，复制图形并调整其大小，效果如图 3-84 所示。双击"旋转"工具 ，弹出"旋转"对话框，选项的设置如图 3-85 所示，单击"确定"按钮，效果如图 3-86 所示。

图 3-84　　　　　　　图 3-85　　　　　　　图 3-86

步骤④ 选择"矩形"工具 ，按住 Shift 键的同时，在适当的位置绘制正方形。填充图形为白色，并设置描边色为无，效果如图 3-87 所示。选择"效果 > 扭曲和变换 > 收缩和膨胀"命令，在弹出的对话框中进行设置，如图 3-88 所示，单击"确定"按钮，效果如图 3-89 所示。在属性栏中将"不透明度"选项设为 62%，按 Enter 键确认操作，效果如图 3-90 所示。使用相同的方法制作其他星星，效果如图 3-91 所示。

步骤⑤ 选择"文件 > 置入"命令，弹出"置入"对话框，选择云盘中的"Ch03 > 素材 > 绘制时尚插画 > 01"文件，单击"置入"按钮，置入图片，单击属性栏中的"嵌入"按钮，嵌入图片。选择"选择"工具 ，拖曳图片到适当的位置，效果如图 3-92 所示。

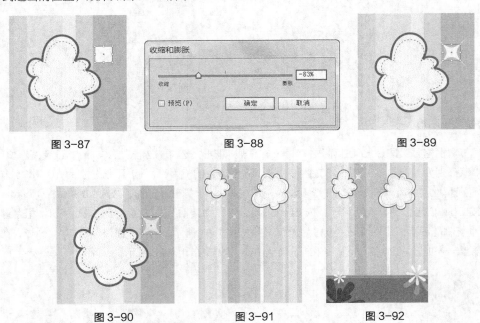

图 3-87　　　　　　　图 3-88　　　　　　　图 3-89

图 3-90　　　　　　　图 3-91　　　　　　　图 3-92

3. 绘制人物

步骤① 选择"钢笔"工具 ，在适当的位置绘制一个不规则图形，如图 3-93 所示。填充图形为黑色，并设置描边色为无，效果如图 3-94 所示。

步骤② 选择"钢笔"工具 ，在页面中绘制一个图形。设置图形填充色的 C、M、Y、K 值分别为 0、85、100、0，填充图形；在属性栏中将"描边粗细"选项设为 0.2pt，按 Enter

微课：绘制
时尚插画 2

键确认操作,效果如图 3-95 所示。用相同的方法绘制人物的其他装饰图形,效果如图 3-96 所示。

图 3-93　　　　　　　图 3-94　　　　　　　图 3-95　　　　　　　图 3-96

步骤❸ 选择"选择"工具▶,按住 Shift 键的同时,选取人物和服饰图形。按 Ctrl+G 组合键,将其编组,效果如图 3-97 所示。使用相同的方法绘制其他人物图形,并调整前后顺序,效果如图 3-98 所示。

步骤❹ 选择"文字"工具 T,在页面中输入需要的文字,如图 3-99 所示。选择"选择"工具▶,在属性栏中选择合适的字体并设置文字大小,填充文字为白色,效果如图 3-100 所示。时尚插画绘制完成。

图 3-97　　　　　　图 3-98　　　　　　　图 3-99　　　　　　　图 3-100

3.2.4 【相关工具】

1. 绘制直线

◎ 拖曳鼠标绘制直线

选择"直线段"工具 ⁄,在页面中需要的位置单击并按住鼠标左键不放,拖曳光标到需要的位置,释放鼠标左键,绘制出一条任意角度的斜线,效果如图 3-101 所示。

选择"直线段"工具 ⁄,按住 Shift 键,在页面中需要的位置单击并按住鼠标左键不放,拖曳光标到需要的位置,释放鼠标左键,绘制出水平、垂直或 45°角及其倍数的直线,效果如图 3-102 所示。

选择"直线段"工具 ⁄,按住 Alt 键,在页面中需要的位置单击鼠标并按住鼠标左键不放,拖曳鼠标到需要的位置,释放鼠标左键,绘制出以鼠标单击点为中心的直线(由单击点向两边扩展)。

选择"直线段"工具 ⁄,按住 ~ 键,在页面中需要的位置单击并按住鼠标左键不放,拖曳光标到需要的位置,释放鼠标左键,绘制出多条直线(系统自动设置),效果如图 3-103 所示。

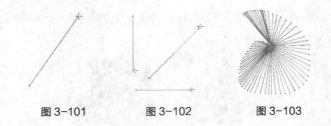

图 3-101 　　　　　图 3-102 　　　　　图 3-103

◎ **精确绘制直线**

选择"直线段"工具 ⎿／⏌，在页面中需要的位置单击鼠标，或双击"直线段"工具 ⎿／⏌，都将弹出"直线段工具选项"对话框，如图 3-104 所示。在对话框中，"长度"选项可以设置线段的长度，"角度"选项可以设置线段的倾斜度，勾选"线段填色"复选框可以填充直线组成的图形，如图 3-105 所示。设置完成后，单击"确定"按钮，得到如图 3-106 所示的直线。

图 3-104 　　　　　图 3-105 　　　　　图 3-106

2. 剪切蒙版

将一个对象制作为蒙版后，对象的内部变得完全透明，这样就可以显示下面的被蒙版对象，同时也可以遮挡住不需要显示或打印的部分。

◎ **制作图像蒙版**

（1）使用"建立"命令制作。

选择"文件 > 置入"命令，在弹出的"置入"对话框中选择图像文件，如图 3-107 所示，单击"置入"按钮，图像出现在页面中，效果如图 3-108 所示。选择"椭圆"工具 ⎿⬭⏌，在图像上绘制一个椭圆形作为蒙版，如图 3-109 所示。

图 3-107 　　　　　图 3-108 　　　　　图 3-109

使用"选择"工具 ⎿▸⏌，同时选中图像和椭圆形，如图 3-110 所示（作为蒙版的图形必须在图像的上面）。

选择"对象 > 剪切蒙版 > 建立"命令（组合键为 Ctrl+7），制作出蒙版效果，如图 3-111 所示。图像在椭圆形蒙版外面的部分被隐藏，取消选取状态，蒙版效果如图 3-112 所示。

图 3-110

图 3-111

图 3-112

（2）使用鼠标右键的弹出式命令制作。

使用"选择"工具，选中图像和椭圆形，在选中的对象上单击鼠标右键，在弹出的菜单中选择"建立剪切蒙版"命令，制作出蒙版效果。

（3）使用"图层"控制面板中的命令制作。

使用"选择"工具，选中图像和椭圆形，单击"图层"控制面板右上方的图标，在弹出的菜单中选择"建立剪切蒙版"命令，制作出蒙版效果。

◎ **查看蒙版**

使用"选择"工具，选中蒙版图像，如图 3-113 所示。单击"图层"控制面板右上方的图标，在弹出的菜单中选择"定位对象"命令，"图层"控制面板如图 3-114 所示，可以在"图层"控制面板中查看蒙版状态，也可以编辑蒙版。

◎ **锁定蒙版**

使用"选择"工具，选中需要锁定的蒙版图像，如图 3-115 所示。选择"对象 > 锁定 > 所选对象"命令，可以锁定蒙版图像，效果如图 3-116 所示。

图 3-113

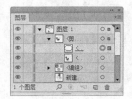

图 3-114

图 3-115

图 3-116

◎ **添加对象到蒙版**

选中要添加的对象，如图 3-117 所示。选择"编辑 > 剪切"命令，剪切该对象。使用"直接选择"工具，选中被蒙版图形中的对象，如图 3-118 所示。选择"编辑 > 贴在前面、贴在后面"命令，就可以将要添加的对象粘贴到相应的蒙版图形的前面或后面，并成为图形的一部分，贴在前面的效果如图 3-119 所示。

图 3-117

图 3-118

图 3-119

◎ **删除被蒙版的对象**

选中被蒙版的对象，选择"编辑 > 清除"命令或按 Delete 键，即可删除被蒙版的对象。

也可以在"图层"控制面板中选中被蒙版对象所在图层，再单击"图层"控制面板下方的"删除所选图层"按钮 ，也可删除被蒙版的对象。

3. "风格化"效果

"风格化"效果组可以增强对象的外观效果，如图 3-120 所示。

图 3-120

◎ **内发光命令**

此命令可以在对象的内部创建发光的外观效果。选中要添加内发光效果的对象，如图 3-121 所示，选择"效果 > 风格化 > 内发光"命令，在弹出的对话框中设置数值，如图 3-122 所示，单击"确定"按钮，对象的内发光效果如图 3-123 所示。

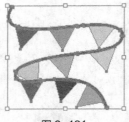

| 图 3-121 | 图 3-122 | 图 3-123 |

◎ **圆角命令**

此命令可以为对象添加圆角效果。选中要添加圆角效果的对象，如图 3-124 所示，选择"效果 > 风格化 > 圆角"命令，在弹出的对话框中设置数值，如图 3-125 所示，单击"确定"按钮，对象的效果如图 3-126 所示。

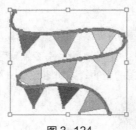

| 图 3-124 | 图 3-125 | 图 3-126 |

◎ **外发光命令**

此命令可以在对象的外部创建发光的外观效果。选中要添加外发光效果的对象，如图 3-127 所示，选择"效

果 > 风格化 > 外发光"命令，在弹出的对话框中设置数值，如图 3-128 所示，单击"确定"按钮，对象的外发光效果如图 3-129 所示。

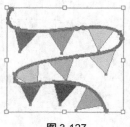

图 3-127   图 3-128   图 3-129

◎ 投影命令

此命令可以为对象添加投影。选中要添加投影的对象，如图 3-130 所示，选择"效果 > 风格化 > 投影"命令，在弹出的对话框中设置数值，如图 3-131 所示，单击"确定"按钮，对象的投影效果如图 3-132 所示。

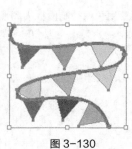

图 3-130   图 3-131   图 3-132

◎ 涂抹命令

选中要添加涂抹效果的对象，如图 3-133 所示，选择"效果 > 风格化 > 涂抹"命令，在弹出的对话框中设置数值，如图 3-134 所示，单击"确定"按钮，对象的效果如图 3-135 所示。

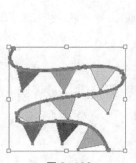
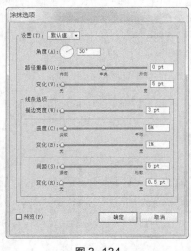

图 3-133   图 3-134   图 3-135

◎ 羽化命令

此命令将对象的边缘从实心颜色逐渐过渡为无色。选中要羽化的对象，如图 3-136 所示，选择"效果 > 风格化 > 羽化"命令，在弹出的"羽化"对话框中设置数值，如图 3-137 所示，单击"确定"按钮，对象的效果如图 3-138 所示。

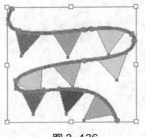

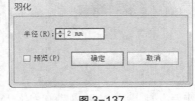

| 图 3-136 | 图 3-137 | 图 3-138 |

3.2.5 【实战演练】绘制音乐节插画

使用倾斜工具制作矩形的倾斜效果；使用投影命令为文字添加投影效果；使用色板控制面板为图形添加图案；使用符号库的原始命令添加需要的符号图形。最终效果参看云盘中的"Ch03 > 效果 > 绘制音乐节插画"，如图 3-139 所示。

微课：绘制
音乐节插画

图 3-139

3.3 综合演练——制作秋天插画

3.3.1 【案例分析】

本案例是绘制秋天插画，插画的要求是通过对秋天的认识和了解，表现出一个充满秋色，又生机勃勃让人豁然开朗的秋天。

3.3.2 【设计理念】

在绘制过程中，淡蓝色的天空，铺上了一层薄薄的黄色，表达出了秋天的意境和收获的喜悦。洁白的云朵让这个秋天变得恬静了许多。几只翩翩起舞的蜻蜓以及绚丽正开的花儿，让人感到生命跳动的气息，舒适又暖心。

3.3.3 【知识要点】

使用矩形工具和路径文字工具输入日期；使用符号库的自然命令添加装饰图形；使用透明度控制面板改变符号图形的透明度和混合模式。最终效果参看云盘中的"Ch03 > 效果 > 制作秋天插画"，如图 3-140 所示。

微课：制作　微课：制作
秋天插画 1　秋天插画 2

图 3-140

3.4　综合演练——绘制夏日沙滩插画

3.4.1 【案例分析】

本案例是为旅游杂志绘制的栏目插画，本期栏目的主题是夏日沙滩，设计要求插画的绘制要贴合主题，表现出热闹、美丽的沙滩景色，要调动形象、色彩、构图和形式感等元素营造出强烈的视觉效果，使主题更加突出明确。

3.4.2 【设计理念】

在绘制过程中，青蓝色的海水和白色的浪花营造出柔和、浪漫、可爱的景象，与浅黄色的海滩一起，给人舒适、宁静的感觉。色彩缤纷的海上用品不规则地分布在沙滩上和海水中，在增加画面活泼感的同时，营造出热闹、活跃的气氛，形成动静结合的画面。绿色的植物带给人一股清凉、舒爽的感觉，能让人身心放松，从而使人产生向往之情。

3.4.3 【知识要点】

使用多边形工具、直线工具和旋转工具绘制伞图形；使用收缩膨胀命令制作伞弧度；使用路径查找器控制面板和镜像工具制作帆板；使用透明度控制面板制作投影效果。最终效果参看云盘中的"Ch03 > 效果 > 绘制夏日沙滩插画"，如图 3-141 所示。

微课：绘制
夏日沙滩
插画

图 3-141

第4章 书籍装帧设计

精美的书籍装帧设计可以使读者享受到阅读的愉悦。书籍装帧整体设计所考虑的项目包括开本设计、封面设计、版本设计、使用材料等内容。本章以多个类别的书籍封面为例，介绍书籍封面的设计方法和制作技巧。

课堂学习目标

● 掌握书籍封面的设计思路和过程
● 掌握制作书籍封面的相关工具

● 掌握书籍封面的制作方法和技巧

4.1 制作儿童教育书籍封面

4.1.1 【案例分析】

本案例制作的是一本儿童书籍封面设计，书中的内容为开发儿童智力的思维游戏。在设计中要通过对书名的设计和对文字、图片的合理编排，表现出最全、最新和最实用的特点。

4.1.2 【设计理念】

在设计过程中，白色与蓝色搭配的背景给人一种明快、舒适的感觉，与宣传的主题相呼应；经过艺术化处理的书名，醒目突出，增加了画面的活泼感，让人一目了然；可爱的图形设计和文字编辑在丰富画面的同时，充满乐趣。最终效果参看云盘中的"Ch04 > 效果 > 制作儿童教育书籍封面"，如图 4-1 所示。

图 4-1

4.1.3 【操作步骤】

1. 制作书籍名称

步骤① 按 Ctrl+N 组合键，新建一个文档，宽度为 353mm，高度为 239mm，取向为横向，出血 3mm，颜色模式为 CMYK，单击"确定"按钮。

步骤② 按 Ctrl+R 组合键，显示标尺。选择"选择"工具 ，在页面中拖曳一条垂直参考线。选择"窗口 > 变换"命令，弹出"变换"控制面板，将"X"轴选项设为 169mm，如图 4-2 所示，按 Enter 键确认操作，效果如图 4-3 所示。保持参考线的选取状态，在"变换"控制面板中将"X"轴选项设为 184mm，按 Alt+Enter 组合键确认操作，效果如图 4-4 所示。

微课：制作儿
童教育书籍
封面 1

图 4-2   图 4-3   图 4-4

步骤③ 选择"矩形"工具 ，在页面中绘制一个矩形，如图 4-5 所示。设置图形填充色的 C、M、Y、K 值分别为 61、11、0、0，填充图形，并设置描边色为无，效果如图 4-6 所示。

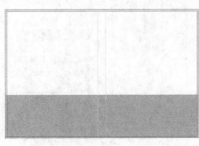

图 4-5   图 4-6

步骤④ 选择"文字"工具 T ，在页面中输入需要的文字，选择"选择"工具 ，在属性栏中选择合适的字体并设置文字大小，效果如图 4-7 所示。设置文字填充色的 C、M、Y、K 值分别为 12、96、16、0，填充文字，效果如图 4-8 所示。用相同的方法输入其他文字，效果如图 4-9 所示。

图 4-7   图 4-8   图 4-9

步骤⑤ 选择"矩形"工具 ▦，在适当的位置绘制一个矩形，如图 4-10 所示。设置图形填充色的 C、M、Y、K 值分别为 4、32、79、0，填充图形，并设置描边色为无，效果如图 4-11 所示。

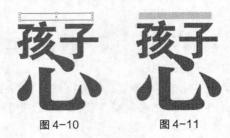

图 4-10　　　　　　图 4-11

步骤⑥ 选择"文字"工具 T，在适当的位置输入需要的文字，选择"选择"工具 ▸，在属性栏中选择合适的字体并设置文字大小，效果如图 4-12 所示。填充文字为白色，效果如图 4-13 所示。

图 4-12　　　　　　图 4-13

步骤⑦ 选择"文字"工具 T，在适当的位置输入需要的文字，选择"选择"工具 ▸，在属性栏中选择合适的字体并设置文字大小，效果如图 4-14 所示。设置文字填充色的 C、M、Y、K 值分别为 61、11、0、0，填充文字，效果如图 4-15 所示。

图 4-14　　　　　　图 4-15

步骤⑧ 选择"文字"工具 T，在适当的位置输入需要的文字，选择"选择"工具 ▸，在属性栏中选择合适的字体并设置文字大小，效果如图 4-16 所示。按 Ctrl+T 组合键，弹出"字符"控制面板，选项的设置如图 4-17 所示，按 Enter 键确认操作，效果如图 4-18 所示。设置文字填充色的 C、M、Y、K 值分别为 12、96、16、0，填充文字，效果如图 4-19 所示。

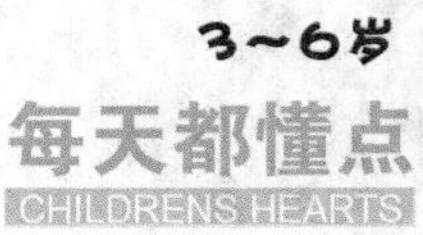

图 4-16 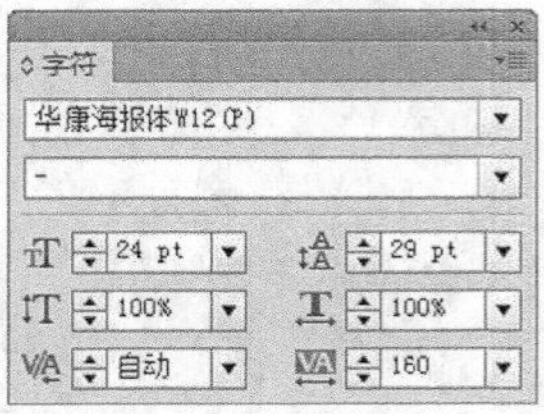　　　　　图 4-17 　　　　　图 4-18 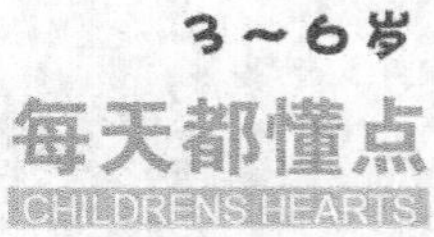　　　　　图 4-19

步骤 ⑨ 选择"椭圆"工具 ◉，按住 Shift 键的同时，在适当的位置绘制一个圆形，如图 4-20 所示。设置图形填充色的 C、M、Y、K 值分别为 12、96、16、0，填充图形，并设置描边色为无。效果如图 4-21 所示。

步骤 ⑩ 按 Ctrl+ [组合键，后移一层。选择"文字"工具 T，选取数字"3"，填充文字为白色，效果如图 4-22 所示。用相同的方法制作其他数字效果，如图 4-23 所示。

图 4-20 　　　　图 4-21 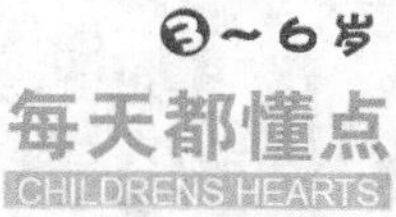　　　　图 4-22 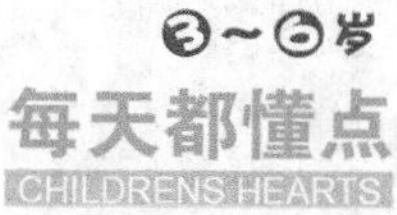　　　　图 4-23

步骤 ⑪ 选择"选择"工具 ▶，选取需要的文字，如图 4-24 所示。选择"文字 > 创建轮廓"命令，创建轮廓，效果如图 4-25 所示。

步骤 ⑫ 选择"对象 > 取消编组"命令，取消编组。选择"对象 > 复合路径 > 释放"命令。选择"直接选择"工具 ▷，选取需要的锚点，如图 4-26 所示。多次按 Delete 键，将其删除，效果如图 4-27 所示。

图 4-24　　　　图 4-25　　　　图 4-26　　　　图 4-27

步骤 ⑬ 选择"椭圆"工具 ◉，按住 Shift 键的同时，在适当的位置绘制一个圆形，如图 4-28 所示。设置图形填充色的 C、M、Y、K 值分别为 3、32、79、0，填充图形，并设置描边色为无，效果如图 4-29 所示。

图 4-28　　　　　　　图 4-29

步骤 ⑭ 选择"钢笔"工具 ✎，在适当的位置绘制一个不规则图形，如图 4-30 所示，填充图形与圆形相同的颜色，效果如图 4-31 所示。

图 4-30　　　　　　　图 4-31

步骤 ⑮ 选择"文字"工具 T，在属性栏中选择合适的字体并设置文字大小，在页面中单击输入文字，如图 4-32 所示，选择"选择"工具 ↖，填充文字为白色，将其拖曳到适当的位置，效果如图 4-33 所示。

　　图 4-32　　　　　　　图 4-33

步骤 ⑯ 选择"选择"工具 ↖，用圈选的方法选取需要的图形与文字，如图 4-34 所示，按 Ctrl+G 组合键，将其编组。选择"钢笔"工具 ✍，在页面中适当的位置绘制闭合路径，效果如图 4-35 所示。选择"选择"工具 ↖，将路径的描边色设为无，效果如图 4-36 所示。选择路径与编组图形，按 Ctrl+G 组合键，将其编组，效果如图 4-37 所示。

　图 4-34　　　　　图 4-35　　　　　图 4-36　　　　　图 4-37

2. 制作背景文字

步骤 ❶ 选取并复制记事本文档中需要的文字。返回到 Illustrator 页面中，选择"文字"工具 T，在属性栏中选择合适的字体并设置文字大小，在页面中拖曳文本框，按 Ctrl+V 组合键，粘贴文字，效果如图 4-38 所示。在"字符"控制面板中进行设置，如图 4-39 所示，按 Enter 键确认操作，效果如图 4-40 所示。

　　图 4-38　　　　　　　图 4-39　　　　　　　图 4-40

步骤 ❷ 选择"选择"工具 ↖，设置文字填充色的 C、M、Y、K 值分别为 0、0、0、30，填充文字，效果如图 4-41 所示。

步骤 ❸ 选择"文字"工具 T，选取需要的文字，设置文字填充色的 C、M、Y、K 值分别为 61、11、0、0，填充文字，效果如图 4-42 所示。再次选取需要的文字，设置文字填充色的 C、M、Y、K 值分别为 4、32、79、0，填充文字，效果如图 4-43 所示。

图 4-41

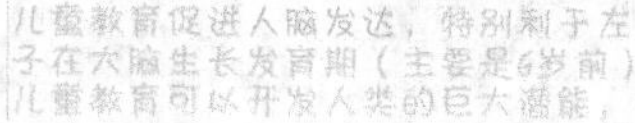

图 4-42

图 4-43

步骤④ 用相同的方法填充其他文字,效果如图 4-44 所示。选择"选择"工具 ，选取编组图形,按 Shift+Ctrl+] 组合键,将其置于顶层,效果如图 4-45 所示。选择"对象 > 文本绕排 > 建立"命令,建立文本绕排,效果如图 4-46 所示。

图 4-44

图 4-45

图 4-46

步骤⑤ 选择"对象 > 文本绕排 > 文本绕排选项"命令,在弹出的对话框中进行设置,如图 4-47 所示,单击"确定"按钮,效果如图 4-48 所示。

图 4-47

图 4-48

步骤⑥ 选择"文字"工具 T ,在适当的位置分别输入需要的文字,选择"选择"工具 ，在属性栏中分别选择合适的字体并设置文字大小,效果如图 4-49 所示。

步骤⑦ 选择"文件 > 置入"命令,弹出"置入"对话框,选择云盘中的"Ch04 > 素材 > 制作儿童教育书籍封面 > 01"文件,单击"置入"按钮,将图片置入到页面中,单击属性栏中的"嵌入"按钮,嵌入图片。选择"选择"工具 ，拖曳图片到适当的位置,效果如图 4-50 所示。

图 4-49

图 4-50

步骤⑧ 选择"文字"工具 T ，在适当的位置输入需要的文字，选择"选择"工具 ，在属性栏中选择合适的字体并设置文字大小，效果如图 4-51 所示。按 Ctrl+Shift+O 组合键，将文字转换为轮廓。设置描边色为白色，填充描边，效果如图 4-52 所示。

图 4-51

图 4-52

步骤⑨ 选择"选择"工具 ，选取需要的文字，如图 4-53 所示。按住 Shift+Alt 组合键的同时，水平向左拖曳文字到适当的位置，复制文字，效果如图 4-54 所示。

图 4-53

图 4-54

步骤⑩ 选择"文字"工具 T ，在复制的文本框中单击，按 Ctrl+A 组合键，全选文字。按 Ctrl+C 组合键，复制文字，如图 4-55 所示。在文档尾部单击插入光标，按 Enter 键，换行文字。按 Ctrl+V 组合键，粘贴文字，如图 4-56 所示。

图 4-55

图 4-56

步骤⑪ 选择"选择"工具 ，文本框处于选取状态，如图 4-57 所示。在属性栏中将"不透明度"选项设为7%，按 Enter 键确认操作，效果如图 4-58 所示。

图 4-57

图 4-58

3. 制作介绍性文字

步骤① 选择"文件 > 置入"命令，弹出"置入"对话框，选择云盘中的"Ch04 > 素材 > 制作儿童教育书籍封面 > 02"文件，单击"置入"按钮，将图片置入到页面中，单击属性栏中的"嵌入"按钮，嵌入图片。选择"选择"工具 ，拖曳图片到适当的位置，效果如图 4-59 所示。

图 4-59

步骤② 选择"钢笔"工具 ，在适当的位置绘制路径，如图 4-60 所示。选择"路径文字"工具 ，在路径上单击插入光标，输入并选取需要的文字，在属性栏中选择合适的字体并设置适当的文字大小，效果如图 4-61 所示。

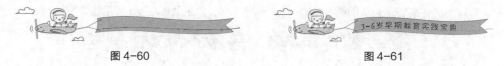

图 4-60　　　　　　　　　　　　　　　　图 4-61

步骤③ 选择"选择"工具 ，文字处于选取状态，在"字符"控制面板中进行设置，如图 4-62 所示，按 Enter 键确认操作，效果如图 4-63 所示。

图 4-62　　　　　　　　　　　　　　　　图 4-63

步骤④ 选择"圆角矩形"工具 ，在适当的位置绘制一个圆角矩形，如图 4-64 所示。填充图形为白色，并设置图形描边色的 C、M、Y、K 值分别为 61、11、0、0，填充描边，效果如图 4-65 所示。

步骤⑤ 保持图形的选取状态，连续按 Ctrl+ [组合键，调整图形的顺序，如图 4-66 所示。选择"文字"工具 ，在页面中输入需要的文字，选择"选择"工具 ，在属性栏中选择合适的字体并设置文字大小，效果如图 4-67 所示。

图 4-64　　　　　　　　　　　　　　　　图 4-65

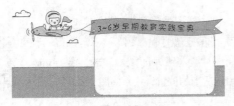

图 4-66   图 4-67

步骤 ⑥ 保持文字的选取状态，在"字符"控制面板中进行设置，如图 4-68 所示，按 Enter 键确认操作，效果如图 4-69 所示。设置文字填充色的 C、M、Y、K 值分别为 0、0、0、40，填充文字，效果如图 4-70 所示。

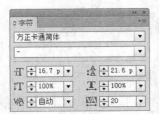

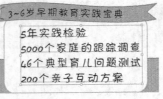

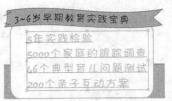

图 4-68   图 4-69   图 4-70

步骤 ⑦ 选择"文字"工具 T，选取需要的文字，设置文字填充色的 C、M、Y、K 值分别为 61、11、0、0，填充文字，效果如图 4-71 所示。用相同的方法填充其他文字，效果如图 4-72 所示。

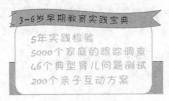

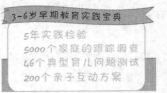

图 4-71   图 4-72

步骤 ⑧ 选择"椭圆"工具 ○，按住 Shift 键的同时，在页面中绘制一个圆形，如图 4-73 所示。设置图形填充色的 C、M、Y、K 值分别为 61、11、0、0，填充图形，并设置描边色为无，效果如图 4-74 所示。

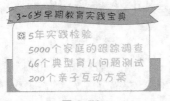

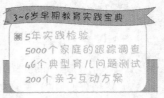

图 4-73   图 4-74

步骤 ⑨ 选择"选择"工具 ↖，按住 Alt+Shift 组合键的同时，垂直向下拖曳圆形到适当的位置，复制图形，如图 4-75 所示。连续按 Ctrl+D 组合键，按需要复制出多个圆形，效果如图 4-76 所示。

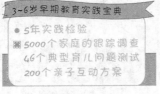

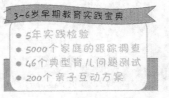

图 4-75   图 4-76

步骤 ⑩ 选择"星形"工具 ⭐，在页面中单击，弹出"星形"对话框，选项的设置如图 4-77 所示，单击"确定"按钮，效果如图 4-78 所示。设置图形填充色的 C、M、Y、K 值分别为 4、32、79、0，填充图形，并设置描边色为无，效果如图 4-79 所示。

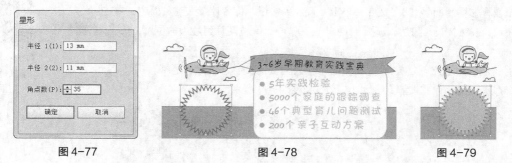

图 4-77　　　　　　　　　　图 4-78　　　　　　　　　　图 4-79

步骤 ⑪ 选择"文字"工具 T，在适当的位置分别输入需要的文字，选择"选择"工具 ▶，在属性栏中分别选择合适的字体并设置文字大小，填充文字为白色，效果如图 4-80 所示。将需要的文字同时选取，在"字符"控制面板中进行设置，如图 4-81 所示，按 Enter 键确认操作，效果如图 4-82 所示。

图 4-80　　　　　　　　　　图 4-81　　　　　　　　　　图 4-82

步骤 ⑫ 选取需要的文字，如图 4-83 所示，在"字符"控制面板中进行设置，如图 4-84 所示，按 Enter 键确认操作，效果如图 4-85 所示。

图 4-83　　　　　　　　　　图 4-84　　　　　　　　　　图 4-85

步骤 ⑬ 选择"直线段"工具 ╱，按住 Shift 键的同时，在适当的位置绘制一条直线，如图 4-86 所示。设置描边色为白色，在属性栏中将"描边粗细"选项设为 0.25pt，按 Enter 键确认操作，效果如图 4-87 所示。

图 4-86　　　　　　　图 4-87

4. 制作出版信息

步骤① 选择"文件 > 置入"命令，弹出"置入"对话框，选择云盘中的"Ch04 > 素材 > 制作儿童教育书籍封面 > 03"文件，单击"置入"按钮，将图片置入到页面中，单击属性栏中的"嵌入"按钮，嵌入图片。选择"选择"工具 ，拖曳图片到适当的位置，效果如图 4-88 所示。

步骤② 选择"文字"工具 T ，在页面中输入需要的文字，选择"选择"工具 ，在属性栏中选择合适的字体并设置文字大小，效果如图 4-89 所示。

微课：制作儿
童教育书籍
封面 4

图 4-88   图 4-89

5. 制作书脊

步骤① 选择"选择"工具 ，选择书籍名称中需要的文字，如图 4-90 所示。选择"文字 > 文字方向 > 垂直"命令，垂直排列文字，如图 4-91 所示。分别选取两个圆形，并将其拖曳到适当的位置，如图 4-92 所示。

步骤② 选择"选择"工具 ，用圈选的方法将文字和图形同时选取，如图 4-93 所示。在属性栏中单击"水平居中对齐"按钮 ，水平居中对齐图形和文字，效果如图 4-94 所示。

微课：制作儿
童教育书籍
封面 5

图 4-90   图 4-91   图 4-92   图 4-93   图 4-94

步骤③ 拖曳图形和文字到书脊上适当的位置，效果如图 4-95 所示。将需要的图形和文字同时选取，如图 4-96 所示，旋转到适当的角度，效果如图 4-97 所示。拖曳到适当的位置，并调整其大小，效果如图 4-98 所示。用相同的方法调整其他文字和图形，效果如图 4-99 所示。

图 4-95   图 4-96   图 4-97

图 4-98

图 4-99

步骤④ 选择"直排文字"工具 ，在页面中输入需要的文字，选择"选择"工具 ，在属性栏中选择合适的字体并设置文字大小，效果如图 4-100 所示。儿童教育书籍封面制作完成，效果如图 4-101 所示。

图 4-100

图 4-101

4.1.4 【相关工具】

1. 对象的顺序

选择"对象 > 排列"命令，其子菜单包括 5 个命令：置于顶层、前移一层、后移一层、置于底层和发送至当前图层，使用这些命令可以改变图形对象的排序。对象间堆叠的效果如图 4-102 所示。

图 4-102

选中要排序的对象，用鼠标右键单击页面，在弹出的快捷菜单中也可选择"排列"命令，还可以应用组合键命令来对对象进行排序。

◎ 置于顶层

将选取的图像移到所有图像的顶层。选取要移动的图像，如图 4-103 所示。用鼠标右键单击页面，弹出其快捷菜单，在"排列"命令的子菜单中选择"置于顶层"命令，图像排到顶层，效果如图 4-104 所示。

◎ **前移一层**

将选取的图像向前移过一个图像。选取要移动的图像，如图 4-105 所示。用鼠标右键单击页面，弹出其快捷菜单，在"排列"命令的子菜单中选择"前移一层"命令，图像向前一层，效果如图 4-106 所示。

图 4-103　　　　　　图 4-104　　　　　　图 4-105　　　　　　图 4-106

◎ **后移一层**

将选取的图像向后移过一个图像。选取要移动的图像，如图 4-107 所示。用鼠标右键单击页面，弹出其快捷菜单，在"排列"命令的子菜单中选择"后移一层"命令，图像向后一层，效果如图 4-108 所示。

◎ **置于底层**

将选取的图像移到所有图像的底层。选取要移动的图像，如图 4-109 所示。用鼠标右键单击页面，弹出其快捷菜单，在"排列"命令的子菜单中选择"置于底层"命令，图像将排到最后面，效果如图 4-110 所示。

图 4-107　　　　　　图 4-108　　　　　　图 4-109　　　　　　图 4-110

◎ **发送至当前图层**

选择"图层"控制面板，在"图层 1"上新建"图层 2"，如图 4-111 所示。选取要发送到当前图层的蓝色钱袋图像，如图 4-112 所示，这时"图层 1"变为当前图层，如图 4-113 所示。

图 4-111　　　　　　图 4-112　　　　　　图 4-113

用鼠标单击"图层 2"，使"图层 2"成为当前图层，如图 4-114 所示。用鼠标右键单击页面，弹出其快捷菜单，在"排列"命令的子菜单中选择"发送至当前图层"命令，蓝色钱袋图像被发送到当前图层，即"图层 2"中，页面效果如图 4-115 所示，"图层"控制面板效果如图 4-116 所示。

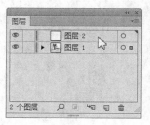

图 4-114　　　　　　　图 4-115　　　　　　　图 4-116

2. 文本工具的使用

利用"文字"工具 T 和"直排文字"工具 IT 可以直接输入沿水平方向和直排方向排列的文本。

◎ **输入点文本**

选择"文字"工具 T 或"直排文字"工具 IT，在绘图页面中单击鼠标，出现插入文本光标，切换到需要的输入法并输入文本，如图 4-117 所示。

 提 示　　　　当输入文本需要换行时，按 Enter 键开始新的一行。

结束文字的输入后，单击"选择"工具 即可选中所输入的文字，这时文字周围将出现一个选择框，文本上的细线是文字基线的位置，效果如图 4-118 所示。

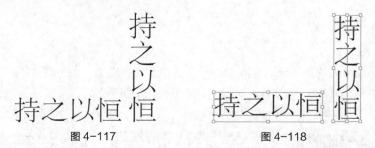

图 4-117　　　　　　　　　　　　图 4-118

◎ **输入文本框**

使用"文字"工具 T 或"直排文字"工具 IT 可以绘制一个文本框，然后在文本框中输入文字。

选择"文字"工具 T 或"直排文字"工具 IT，在页面中需要输入文字的位置单击并按住鼠标左键拖曳，如图 4-119 所示。当绘制的文本框的大小符合需要时，释放鼠标，页面上会出现一个蓝色边框的矩形文本框，矩形文本框左上角会出现插入光标。

可以在矩形文本框中输入文字，输入的文字将在指定的区域内排列，如图 4-120 所示。当输入的文字到矩形文本框的边界时，文字将自动换行。直排文本框的效果如图 4-121 所示。

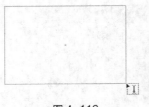

图 4-119　　　　　　图 4-120　　　　　　图 4-121

3. 字体和字号的设置

选择"字符"控制面板，在"字体"选项的下拉列表中选择一种字体即可将该字体应用到选中的文字中，各种字体的效果如图 4-122 所示。

图 4-122

Illustrator CS6 提供的每种字体都有一定的字形，如常规、加粗和斜体等，字体的具体选项因字而定。

> **提示**　默认字体单位为 pt，72pt 相当于 1 英寸。默认状态下字号为 12pt，可调整的范围为 0.1～1 296。

设置字体的具体操作如下。

选中部分文本，如图 4-123 所示。选择"窗口 > 文字 > 字符"命令，弹出"字符"控制面板，从"字体系列"选项的下拉列表中选择一种字体，如图 4-124 所示。或选择"文字 > 字体"命令，在列出的字体中进行选择，更改文本字体后的效果如图 4-125 所示。

图 4-123　　　　　　图 4-124　　　　　　图 4-125

选中文本，如图 4-126 所示。单击"字体大小"选项 25 pt 数值框后的按钮，在弹出的下拉列表中可以选择适合的字体大小。也可以通过数值框左侧的上、下微调按钮来调整字号大小。文本字号为 18pt 时的效果如图 4-127 所示。

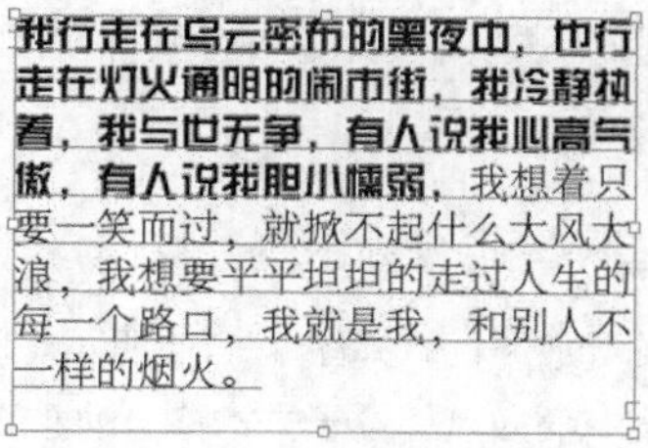

图 4-126 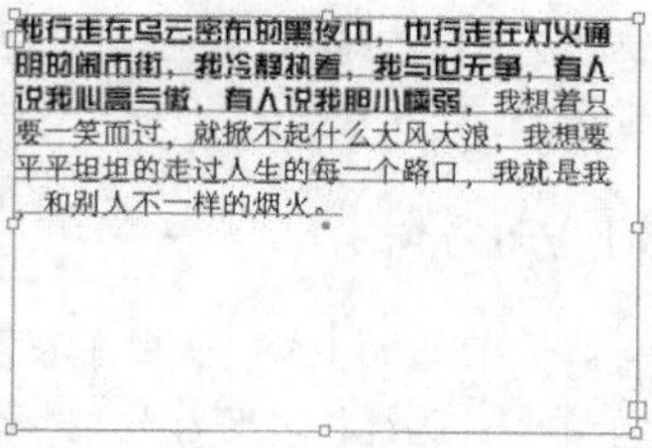　　　　　　　　　　　　　　　图 4-127

4．字距的调整

当需要调整文字或字符之间的距离时，可使用"字符"控制面板中的两个选项，即"设置两个字符间的字距微调"选项 VA 和"设置所选字符的字距调整"选项 VA。"设置两个字符间的字距微调"选项 VA 用来控制两个文字或字母之间的距离。"设置所选字符的字距调整"选项 VA 可使两个或更多个被选择的文字或字母之间保持相同的距离。

选中要设定字距的文字，在"字符"控制面板中的"设置两个字符间的字距微调"选项 VA 的下拉列表中选择"自动"选项，这时程序就会以最合适的参数值设置文字的距离。

 提示　默认在"特殊字距"选项的数值框中输入 0 时，将关闭自动调整文字距离的功能。

"设置两个字符间的字距微调"选项 VA 只有在两个文字或字符之间插入光标时才能进行设置。将光标插入到需要调整间距的两个文字或字符之间，如图 4-128 所示。在"设置两个字符间的字距微调"选项 VA 的数值框中输入所需要的数值，就可以调整两个文字或字符之间的距离。设置数值为 350，按 Enter 键确认，字距效果如图 4-129 所示；设置数值为-350，按 Enter 键确认，字距效果如图 4-130 所示。

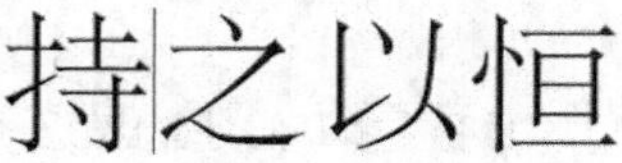

持之以恒　持 之 以 恒　持之以恒

图 4-128 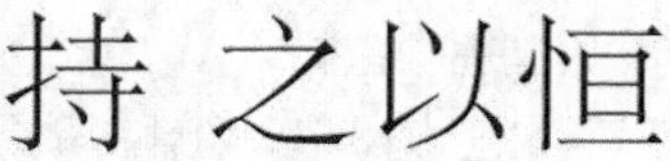　　　　　　　图 4-129 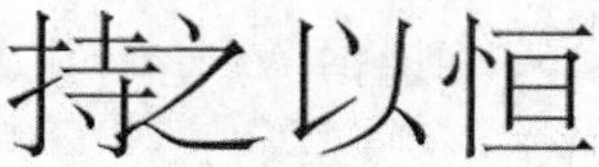　　　　　　　图 4-130

"设置所选字符的字距调整"选项 VA 可以同时调整多个文字或字符之间的距离。选中整个文本对象，如图 4-131 所示，在"设置所选字符的字距调整"选项 VA 的数值框中输入所需要的数值，可以调整文本字符间的距离。设置数值为 200，按 Enter 键确认，字距效果如图 4-132 所示；设置数值为-200，按 Enter 键确认，字距效果如图 4-133 所示。

持之以恒　持 之 以 恒　持之以恒

图 4-131 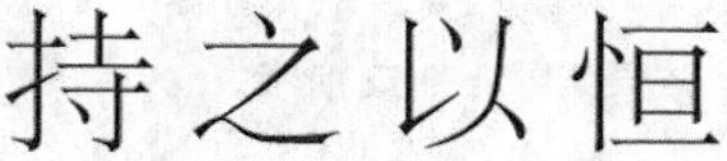　　　　　　　图 4-132 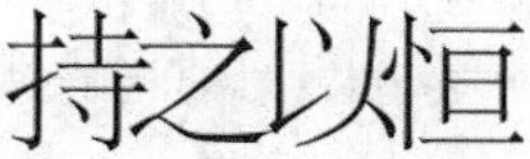　　　　　　　图 4-133

5．路径文字

使用"路径文字"工具 和"直排路径文字"工具 ，可以在创建文本时，让文本沿着一个开放或闭合路径的边缘进行水平或垂直方向的排列，路径可以是规则或不规则的。如果使用这两种工具，原来的路径将不再具有填色或描边的属性。

◎ **沿路径创建水平方向文本。**

使用"钢笔"工具 ，在页面上绘制一个任意形状的开放路径，如图 4-134 所示。使用"路径文字"工具 ，在绘制好的路径上单击，路径将转换为文本路径，文本插入点将位于文本路径的左侧，如图 4-135 所示。

图 4-134　　　　　　　　　　　　　　图 4-135

在光标处输入所需要的文字，文字将会沿着路径排列，文字的基线与路径是平行的，效果如图 4-136 所示。

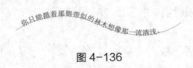

图 4-136

◎ **沿路径创建垂直方向文本。**

使用"钢笔"工具 ，在页面上绘制一个任意形状的开放路径，使用"直排路径文字"工具 在绘制好的路径上单击，路径将转换为文本路径，文本插入点将位于文本路径的左侧，如图 4-137 所示。在光标处输入所需要的文字，文字将会沿着路径排列，文字的基线与路径是直排的，效果如图 4-138 所示。

图 4-137　　　　　　　　　　　　　图 4-138

◎ **编辑路径文本**

如果对创建的路径文本不满意，可以对其进行编辑。

选择"选择"工具 或"直接选择"工具 ，选取要编辑的路径文本。这时在文本开始处会出现一个"I"形的符号，如图 4-139 所示。

图 4-139

拖曳文字左侧的"I"形符号，可沿路径移动文本，效果如图 4-140 所示。还可以按住"I"形的符号向路径相反的方向拖曳，文本会翻转方向，效果如图 4-141 所示。

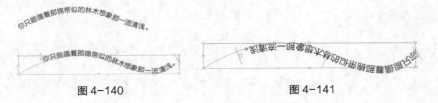

图 4-140　　　　　　　　　　图 4-141

6. 将文本转化为轮廓

选中文本，选择"文字 > 创建轮廓"命令（组合键为 Shift+Ctrl+O），创建文本轮廓，如图 4-142 所示。文本转化为轮廓后，可以对文本进行渐变填充，效果如图 4-143 所示，还可以对文本应用滤镜，效果如图 4-144 所示。

图 4-142　　　　　　　　　　图 4-143　　　　　　　　　　图 4-144

文本转化为轮廓后，将不再具有文本的一些属性，这就需要在文本转化成轮廓之前先按需要调整文本的字体大小。而且将文本转化为轮廓时，会把文本块中的文本全部转化为路径。不能在一行文本内转化单个文字，要想转化一个单独的文字为轮廓时，可以创建只包括该字的文本，然后再进行转化。

4.1.5 【实战演练】制作美食书籍封面

使用钢笔工具、置入命令和建立剪切蒙版命令制作背景图；使用文字工具、复制和粘贴命令、描边控制面板添加并编辑标题文字；使用文本工具添加介绍性文字和出版信息。最终效果参看云盘中的"Ch04 > 效果 > 制作美食书籍封面"，如图 4-145 所示。

微课：制作　　微课：制作
美食书籍　　美食书籍
封面 1　　　封面 2

图 4-145

4.2 制作旅游口语书籍封面

4.2.1 【案例分析】

现代喜爱旅游的人越来越多，很多人都希望在旅游前对旅游地能够有更多更丰富的了解，出国游容易，但语言不通麻烦！本案是制作旅游口语书籍封面，设计要求突出主题，展现书籍特色。

4.2.2 【设计理念】

在设计过程中，使用自然舒适的土黄色作为图书背景，拉近与人之间的距离，达到宣传的目的。清晰醒目的标题和其他文字的编辑告诉读者书籍特色以及适用群体，让人觉得很贴心。使用地图与各地著名建筑图片的结合，不但丰富了页面版式，还巧妙地将旅游元素带进了书本中，进一步突出了书的主题。最终效果参看云盘中的"Ch04 > 效果 > 制作旅游口语书籍封面"，如图 4-146 所示。

图 4-146

4.2.3 【操作步骤】

1. 制作书籍封面

步骤① 按 Ctrl+N 组合键，新建一个文档，宽度为 353mm，高度为 240mm，取向为横向，出血 3mm，颜色模式为 CMYK，单击"确定"按钮。

步骤② 按 Ctrl+R 组合键，显示标尺。选择"选择"工具，在页面中拖曳一条垂直参考线。选择"窗口 > 变换"命令，弹出"变换"控制面板，将"X"轴选项设为 169mm，如图 4-147 所示，按 Enter 键确认操作，效果如图 4-148 所示。保持参考线的选取状态，在"变换"控制面板中将"X"轴选项设为 184mm，按 Alt+Enter 组合键确认操作，效果如图 4-149 所示。

微课：制作
旅游口语书
籍封面 1

图 4-147

图 4-148

图 4-149

步骤③ 选择"矩形"工具，在页面中绘制一个矩形，如图 4-150 所示。设置图形填充色的 C、M、Y、K 值分别为 2、5、10、0，填充图形，并设置描边色为无，效果如图 4-151 所示。

图 4-150

图 4-151

步骤④ 选择"文字"工具，在页面中输入需要的文字，选择"选择"工具，在属性栏中选择合适的字体并设置文字大小，效果如图 4-152 所示。使用相同方法输入其他文字，效果如图 4-153 所示。

图 4-152　　　　　　　　　　图 4-153

步骤 ⑤ 选择"选择"工具 ▶，选取数字"900"，设置文字填充色的 C、M、Y、K 值分别为 30、0、90、0，填充文字，效果如图 4-154 所示。选择"文字"工具 T，选取需要的文字，在属性栏中设置文字大小，效果如图 4-155 所示。

步骤 ⑥ 选择"倾斜"工具 ⬈，向右拖曳调整文字倾斜的方向，效果如图 4-156 所示。

图 4-154　　　　　　图 4-155　　　　　　图 4-156

步骤 ⑦ 选择"圆角矩形"工具 ▣，在页面中单击鼠标，弹出"圆角矩形"对话框，设置如图 4-157 所示。单击"确定"按钮，得到一个圆角矩形，效果如图 4-158 所示。设置图形填充色的 C、M、Y、K 值分别为 30、0、90、0，填充图形，并设置描边色为无，效果如图 4-159 所示。

图 4-157　　　　　　图 4-158　　　　　　图 4-159

步骤 ⑧ 选择"文字"工具 T，在页面中输入需要的文字，选择"选择"工具 ▶，在属性栏中选择合适的字体并设置文字大小，效果如图 4-160 所示。填充文字为白色，效果如图 4-161 所示。

步骤 ⑨ 选择"矩形"工具 ▭，在页面中绘制一个矩形，如图 4-162 所示。设置图形填充色的 C、M、Y、K 值分别为 30、0、90、0，填充图形，并设置描边色为无，效果如图 4-163 所示。

图 4-160　　　　图 4-161　　　　图 4-162　　　　　图 4-163

步骤 ⑩ 选择"文字"工具 T，在页面中输入需要的文字，选择"选择"工具 ▶，在属性栏中选择合适的字体并设置文字大小，效果如图 4-164 所示。填充文字为白色，效果如图 4-165 所示。

图 4-164   图 4-165

步骤 ⑪ 选择"文字"工具 T，在页面中输入需要的文字，选择"选择"工具 ▶，在属性栏中选择合适的字体并设置文字大小，效果如图 4-166 所示。使用相同方法输入其他文字，效果如图 4-167 所示。

图 4-166   图 4-167

步骤 ⑫ 选择"直排文字"工具 ↓T，在页面中输入需要的文字，选择"选择"工具 ▶，在属性栏中选择合适的字体并设置文字大小，效果如图 4-168 所示。设置文字填充色的 C、M、Y、K 值分别为 30、0、90、0，填充文字，效果如图 4-169 所示。

图 4-168   图 4-169

步骤 ⑬ 选择"矩形"工具 ▣，在页面中绘制一个矩形，如图 4-170 所示。设置图形填充色的 C、M、Y、K 值分别为 30、0、90、0，填充图形，并设置描边色为无。效果如图 4-171 所示。

图 4-170   图 4-171

步骤 ⑭ 选择"文字"工具 T，在页面中输入需要的文字，选择"选择"工具 ▶，在属性栏中选择合适的字体并设置文字大小，效果如图 4-172 所示。填充文字为白色，效果如图 4-173 所示。使用相同方法输入其他文字，效果如图 4-174 所示。

图 4-172   图 4-173   图 4-174

步骤 ⑮ 选择"直线段"工具 ╱，按住 Shift 键的同时，在页面中绘制一条直线，效果如图 4-175 所示。选择

"选择"工具 ，设置描边色为白色，在属性栏中将"描边粗细"选项设为 2pt，按 Enter 键确认操作，效果如图 4-176 所示。

步骤 ⑯ 选择"文件 > 置入"命令，弹出"置入"对话框，选择云盘中的"Ch04 > 素材 >制作旅游口语书籍封面 > 01"文件，单击"置入"按钮，将图片置入到页面中，单击属性栏中的"嵌入"按钮，嵌入图片。选择"选择"工具 ，拖曳图片到适当的位置，效果如图 4-177 所示。

图 4-175　　　　　图 4-176　　　　　图 4-177

步骤 ⑰ 按 Ctrl+O 组合键，打开云盘中的"Ch04 > 素材 > 制作旅游口语书籍封面 > 02"文件。按 Ctrl+A 组合键，全选图形。按 Ctrl+C 组合键，复制图形。返回到正在编辑的页面中，按 Ctrl+V 组合键，粘贴图形，并将其拖曳到适当的位置，效果如图 4-178 所示。

步骤 ⑱ 选择"文字"工具 ，在页面中输入需要的文字，选择"选择"工具 ，在属性栏中选择合适的字体并设置文字大小，效果如图 4-179 所示。

图 4-178　　　　　　　　图 4-179

2. 制作书籍封底

步骤 ① 选择"椭圆"工具 ，按住 Shift 键的同时，在页面中绘制一个圆形，如图 4-180 所示。选择"路径文字"工具 ，在圆形路径上单击插入光标，输入需要的文字并选取文字，在属性栏中选择合适的字体并设置文字大小，效果如图 4-181 所示。

微课：制作
旅游口语书
籍封面 2

图 4-180　　　　　　　　图 4-181

步骤② 选择需要的文字，设置文字填充色的 C、M、Y、K 值分别为 30、0、90、0，填充文字，效果如图 4-182 所示。分别选择需要的文字，在属性栏中选择合适的字体，效果如图 4-183 所示。选取数字"9"，在属性栏中设置文字大小，效果如图 4-184 所示。

图 4-182　　　　　　　　图 4-183　　　　　　　　图 4-184

步骤③ 选择"文件 > 置入"命令，弹出"置入"对话框，选择云盘中的"Ch04 > 素材 > 制作旅游口语书籍封面 > 03"文件，单击"置入"按钮，将图片置入到页面中，单击属性栏中的"嵌入"按钮，嵌入图片。选择"选择"工具，拖曳图片到适当的位置，效果如图 4-185 所示。

步骤④ 选取封面中需要的文字和图形，按 Ctrl+G 组合键，将其编组，效果如图 4-186 所示。按住 Alt 键的同时，向左拖曳编组图形到封底适当的位置，复制编组图形，并调整其大小，效果如图 4-187 所示。

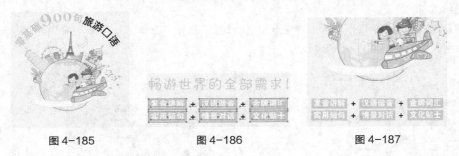

图 4-185　　　　　　　　图 4-186　　　　　　　　图 4-187

步骤⑤ 选择"文件 > 置入"命令，弹出"置入"对话框，选择云盘中的"Ch04> 素材 > 制作旅游口语书籍封面 > 04"文件，单击"置入"按钮，将图片置入到页面中，单击属性栏中的"嵌入"按钮，嵌入图片。选择"选择"工具，拖曳图片到适当的位置，效果如图 4-188 所示。

步骤⑥ 选择"文字"工具，在页面中输入需要的文字，选择"选择"工具，在属性栏中选择合适的字体并设置文字大小，效果如图 4-189 所示。

图 4-188　　　　　　　　图 4-189

3. 制作书脊

步骤① 选择"选择"工具，选取封面中需要的文字，按住 Alt 键的同时，向左拖曳文字到书脊上适当的位置，复制文字，并调整其大小，填充文字为黑色，效果如图 4-190 所示。再次选取需要的文字，按住 Alt 键的同时，向左拖曳文字到书脊上适当的位置，复制文字，效果如图 4-191 所示。选择"文字"工具 $\boxed{\text{T}}$，在属性栏中设置文字大小，并调整其位置，填充文字为黑色，效果如图 4-192 所示。

图 4-190   图 4-191   图 4-192

步骤② 选择"选择"工具 $\boxed{\text{↖}}$，按住 Shift 键的同时，选取封面中需要的文字和图形，按 Ctrl+G 组合键，将其编组，效果如图 4-193 所示。按住 Alt 键的同时，向左拖曳编组图形到书脊上适当的位置，复制编组图形，并调整其大小，效果如图 4-194 所示。

图 4-193   图 4-194

步骤③ 再次选取需要的文字，按住 Alt 键的同时，向左拖曳文字到书脊上适当的位置，复制文字，效果如图 4-195 所示。选择"文字 > 文字方向 >垂直"命令，并调整其大小，效果如图 4-196 所示。使用相同方法制作其他文字，效果如图 4-197 所示。

步骤④ 旅游口语书籍封面制作完成，效果如图 4-198 所示。

图 4-195   图 4-196   图 4-197   图 4-198

4.2.4 【相关工具】

1. 置入图片

在 Illustrator CS6 中，要使用外部图片，需要将其置入到文档中。

选择"文件 > 置入"命令，弹出"置入"对话框，在对话框中选择需要的文件，如图 4-199 所示。若直接单击"置入"按钮，将图片置入到页面中，图片是链接状态，如图 4-200 所示。若取消勾选"链接"复选框，将图片置入到页面中，图片是嵌入状态，如图 4-201 所示。

当原图片进行修改或移动时，链接状态的图片可能会因为丢失链接而无法显示，但嵌入状态的图片却无任何影响。

图 4-199

图 4-200

图 4-201

2. 文本对齐

文本对齐是指所有的文字在段落中按一定的标准有序地排列。Illustrator CS6 提供了 7 种文本对齐的方式，分别是左对齐▤、居中对齐▤、右对齐▤、两端对齐末行左对齐▤、两端对齐末行居中对齐▤、两端对齐末行右对齐▤和全部两端对齐▤。

选中要对齐的段落文本，单击"段落"控制面板中的各个对齐方式按钮，应用不同对齐方式的段落文本效果如图 4-202 所示。

左对齐

居中对齐

右对齐

两端对齐末行左对齐

两端对齐末行居中对齐

图 4-202

两端对齐末行右对齐　　　　　　　全部两端对齐

图 4-202（续）

3. 插入字形

选择"文字"工具 T ，在需要插入字形的位置单击鼠标插入光标，如图 4-203 所示。选择"文字 > 字形"命令，弹出"字形"控制面板，选取需要的字体查找字形，如图 4-204 所示。双击字形，将其插入到文本中，效果如图 4-205 所示。

图 4-203　　　　　　　　　　图 4-204　　　　　　　　　　图 4-205

4. 区域文本工具的使用

在 Illustrator CS6 中，还可以创建任意形状的文本对象。

绘制一个填充颜色的图形对象，如图 4-206 所示。选择"文字"工具 T 或"区域文字"工具 T ，当鼠标指针移动到图形对象的边框上时，指针将变成" I "形状，如图 4-207 所示，在图形对象上单击，图形对象的填色和描边属性被取消，图形对象转换为文本路径，并且在图形对象内出现一个闪烁的插入光标。

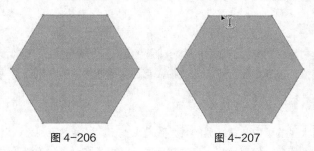

图 4-206　　　　　　　　　　图 4-207

在插入光标处输入文字，输入的文本会按水平方向在该对象内排列。如果输入的文字超出了文本路径所能容纳的范围，将出现文本溢出的现象，这时文本路径的右下角会出现一个红色"⊞"号标志的小正方形，效果如图 4-208 所示。

使用"选择"工具 ▶ 选中文本路径，拖曳文本路径周围的控制点来调整文本路径的大小，可以显示所有的文字，效果如图 4-209 所示。

使用"直排文字"工具 ⅠT 或"直排区域文字"工具 ⅠⅡ 与使用"文字"工具 T 的方法是一样的，但"直排文字"工具 ⅠT 或"直排区域文字"工具 ⅠⅡ 在文本路径中可以创建竖排的文字，如图 4-210 所示。

图 4-208

图 4-209

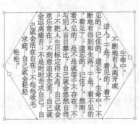
图 4-210

4.2.5 【实战演练】制作家装书籍封面

使用矩形工具和创建剪切蒙版命令制作背景；使用直排文字工具、字符控制面板、椭圆工具和旋转命令添加封面文字；使用符号控制面板添加需要的符号；使用置入命令置入需要的室内图片。最终效果参看云盘中的"Ch04 > 效果 > 制作家装书籍封面"，如图 4-211 所示。

图 4-211

微课：制作
家装书籍
封面 1

微课：制作
家装书籍
封面 2

4.3 综合演练——制作旅行书籍封面

4.3.1 【案例分析】

本案例是一本旅行类书籍的封面设计。书的内容讲解的是不同地域的旅途美景，在封面设计上要通过对书名的设计和风景图片的编排，表现出旅行路上的美景，营造出放松休闲的气氛。

4.3.2 【设计理念】

在设计过程中，使用大量的留白与黄绿色的背景营造出安宁、平静的氛围，通过景色图片的摆放展示出书籍介绍的美景，加深人们的印象。使用简洁直观的文字展示书籍名称，使读者清晰明了，一目了然，达到宣传的目的。在封底和书脊的设计上巧妙地使用文字和图形组合，增加读者对书籍的兴趣，增强读者的购书欲望。

4.3.3 【知识要点】

使用矩形工具、复制命令和镜像工具制作背景效果；使用矩形工具、风格化命令和创建剪切蒙版命令制作图片效果；使用文字工具和字符控制面板添加书名和介绍性文字；使用直线工具、混合工具和创建剪切蒙版命令制作装饰线条。最终效果参看云盘中的"Ch04 > 效果 > 制作旅行书籍封面"，如图 4-212 所示。

微课：制作
旅行书籍
封面

图 4-212

4.4　综合演练——制作文学书籍封面

4.4.1 【案例分析】

本案例是一本介绍说话技巧的书籍封面设计，书名是"天啊！难道这就是谎话？！"，书的内容是介绍如何正确运用说话技巧使生活和工作更加得心应手。在设计上要通过对书名的设计和其他图形的编排，制作出醒目且不失活泼的封面。

4.4.2 【设计理念】

在设计过程中，首先使用不透明的卡通形象作为背景，在体现封面活泼感的同时，增添了沉稳的气息。黄色的图形位于书籍中心，强化了视觉冲击力，同时突出书名。书名的不规则排列和颜色变化，使书籍的主题内容更加醒目突出，一目了然。卡通形象的添加使整个设计生动活泼而不呆板，增加了学习的乐趣，让读者有学习的欲望。

4.4.3 【知识要点】

使用透明度控制面板、镜像工具和复制命令制作背景图案；使用钢笔工具、混合工具和透明度控制面板制作装饰曲线；使用文字工具添加书籍名称和介绍性文字；使用符号控制面板添加需要的符号图形。最终效果参看云盘中的"Ch04 > 效果 > 制作文学书籍封面"，如图 4-213 所示。

微课：制作　　微课：制作
文学书籍　　文学书籍
封面 1　　　封面 2

图 4-213

第 5 章 杂志设计

　　杂志是宣传媒介之一，它具有目标受众准确、实效性强、宣传力度大和效果明显等特点。时尚生活类杂志的设计可以轻松活泼、色彩丰富。版式内的图文编排可以灵活多变，但要注意把握风格的整体性。本章以多个杂志栏目为例，讲解了杂志的设计方法和制作技巧。

 课堂学习目标

- 掌握杂志栏目的设计思路和过程
- 掌握制作杂志栏目的相关工具

- 掌握杂志栏目的制作方法和技巧

5.1 制作时尚杂志封面

5.1.1 【案例分析】

　　本案例是为时尚杂志制作的封面设计。设计要求以时尚为基本点，将图片与文字进行独特的编排设计，表现杂志主题。

5.1.2 【设计理念】

　　在设计过程中，简单的蓝白色渐变背景时尚大方并且能够衬托封面的其他信息；美女模特是时尚杂志不可缺少的元素，作为画面的主要形象能够凸显画面的时尚感，使整个设计和谐统一，体现出时尚新潮的感觉。最终效果参看云盘中的"Ch05 > 效果 > 制作时尚杂志封面"，如图 5-1 所示。

图 5-1

微课：制作
时尚杂志
封面

5.1.3 【操作步骤】

步骤 ① 按 Ctrl+N 组合键,新建一个文档,宽度为 210mm,高度为 270mm,取向为竖向,颜色模式为 CMYK,单击"确定"按钮。选择"文件 > 置入"命令,弹出"置入"对话框,选择云盘中的"Ch05 > 素材 > 制作时尚杂志封面 > 01"文件,单击"置入"按钮,置入文件。单击属性栏中的"嵌入"按钮,嵌入图片,并调整其大小,效果如图 5-2 所示。

步骤 ② 选择"矩形"工具 ▣,绘制一个与页面大小相等的矩形,如图 5-3 所示。选择"选择"工具 ▸,将矩形和图片同时选取,按 Ctrl+7 组合键,创建剪切蒙版,效果如图 5-4 所示。

图 5-2

图 5-3

图 5-4

步骤 ③ 保持图形的选取状态,选择"效果 > 纹理 > 纹理化"命令,在弹出的对话框中进行设置,如图 5-5 所示,单击"确定"按钮,效果如图 5-6 所示。

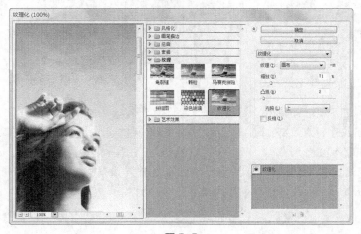
图 5-5

图 5-6

步骤 ④ 选择"文字"工具 T,在适当的位置输入需要的文字,选择"选择"工具 ▸,在属性栏中选择合适的字体和文字大小,设置文字填充色的 C、M、Y、K 值分别为 66、82、98、57,填充文字,效果如图 5-7 所示。

步骤 ⑤ 选择"文字"工具 T,在适当的位置输入需要的文字,选择"选择"工具 ▸,在属性栏中选择合适的字体和文字大小,设置文字填充色的 C、M、Y、K 值分别为 8、80、95、0,填充文字,效果如图 5-8 所示。

步骤 ⑥ 保持文字的选取状态,选择"窗口 > 文字 > 字符"命令,弹出"字符"控制面板,将"设置所选字符的字距调整" VA 选项设为-20,如图 5-9 所示,按 Enter 键确认操作,效果如图 5-10 所示。

图 5-7   图 5-8   图 5-9   图 5-10

步骤⑦ 选择"文字"工具 T，在适当的位置分别输入需要的文字，选择"选择"工具 ，在属性栏中分别选择合适的字体和文字大小，设置文字填充色的 C、M、Y、K 值分别为 66、82、98、57，填充文字，效果如图 5-11 所示。

步骤⑧ 选择"选择"工具 ，将输入的文字同时选取，在"字符"控制面板中将"设置所选字符的字距调整" 选项设为-40，如图 5-12 所示，按 Enter 键确认操作，效果如图 5-13 所示。

步骤⑨ 选择"文字"工具 T，在适当的位置分别输入需要的文字，选择"选择"工具 ，在属性栏中分别选择合适的字体和文字大小，效果如图 5-14 所示。

图 5-11   图 5-12   图 5-13   图 5-14

步骤⑩ 选择"选择"工具 ，按住 Shift 键的同时，将需要的文字同时选取，设置文字填充色的 C、M、Y、K 值分别为 66、82、98、57，填充文字，效果如图 5-15 所示。按住 Shift 键的同时，再次将需要的文字同时选取，设置文字填充色的 C、M、Y、K 值分别为 8、80、95、0，填充文字，效果如图 5-16 所示。

步骤⑪ 选择"选择"工具 ，将需要的文字选取，在"字符"控制面板中将"设置所选字符的字距调整" 选项设为-40，如图 5-17 所示，按 Enter 键确认操作，效果如图 5-18 所示。

图 5-15   图 5-16   图 5-17   图 5-18

步骤⑫ 选择"选择"工具 ，将需要的文字选取，在"字符"控制面板中将"设置所选字符的字距调整"

选项设为-80，如图 5-19 所示，按 Enter 键确认操作，效果如图 5-20 所示。

步骤⑬ 选择"选择"工具 ，将需要的文字选取，在"字符"控制面板中将"设置行距" 选项设为 11.77，如图 5-21 所示，按 Enter 键确认操作，效果如图 5-22 所示。

图 5-19　　　　　　图 5-20　　　　　　图 5-21　　　　　　图 5-22

步骤⑭ 选择"文字"工具 ，将需要的文字选取，在"字符"控制面板中将"设置所选字符的字距调整" 选项设为 100，如图 5-23 所示，按 Enter 键确认操作，效果如图 5-24 所示。再次选取需要的文字，在"字符"控制面板中将"设置所选字符的字距调整" 选项设为-80，如图 5-25 所示，按 Enter 键确认操作，效果如图 5-26 所示。

图 5-23　　　　　　图 5-24　　　　　　图 5-25　　　　　　图 5-26

步骤⑮ 选择"文字"工具 ，在适当的位置分别输入需要的文字，选择"选择"工具 ，在属性栏中分别选择合适的字体和文字大小，效果如图 5-27 所示。

步骤⑯ 选择"选择"工具 ，按住 Shift 键的同时，将需要的文字同时选取，设置文字填充色的 C、M、Y、K 值分别为 66、82、98、57，填充文字，效果如图 5-28 所示。按住 Shift 键的同时，再次将需要的文字同时选取，设置文字填充色的 C、M、Y、K 值分别为 8、80、95、0，填充文字，效果如图 5-29 所示。

图 5-27　　　　　　图 5-28　　　　　　图 5-29

步骤⑰ 选择"椭圆"工具 ●，按住 Shift 键的同时，在适当的位置绘制圆形；设置图形描边色的 C、M、Y、K 值分别为 8、80、95、0，填充描边；在属性栏中将"描边粗细"选项设为 0.5pt，按 Enter 键确认操作，效果如图 5-30 所示。

步骤⑱ 选择"剪刀"工具 ✂，在圆上需要的位置单击，剪切图形，如图 5-31 所示，在另一位置再次单击，剪切图形，如图 5-32 所示。

图 5-30　　　　　　　　图 5-31　　　　　　　　图 5-32

步骤⑲ 选择"选择"工具 ▶，选取需要的图形，如图 5-33 所示，按 Delete 键，删除图形，效果如图 5-34 所示。按住 Shift 键的同时，将需要的图形和文字同时选取，拖曳鼠标将其旋转到适当的角度，效果如图 5-35 所示。

图 5-33　　　　　　　　图 5-34　　　　　　　　图 5-35

步骤⑳ 选择"文字"工具 T，在适当的位置分别输入需要的文字，选择"选择"工具 ▶，在属性栏中分别选择合适的字体和文字大小，效果如图 5-36 所示。分别选取需要的文字，填充适当的颜色，效果如图 5-37 所示。

步骤㉑ 选择"选择"工具 ▶，将需要的文字选取，选择"对象 > 变换 > 倾斜"命令，在弹出的对话框中进行设置，如图 5-38 所示，单击"确定"按钮，效果如图 5-39 所示。

图 5-36　　　　　　　图 5-37　　　　　　　图 5-38　　　　　　　图 5-39

步骤㉒ 选择"文字"工具 T，在适当的位置输入需要的文字，选择"选择"工具 ▶，在属性栏中选择合适

的字体和文字大小，设置文字填充色的 C、M、Y、K 值分别为 66、82、98、57，填充文字，效果如图 5-40
所示。

步骤23 按 Ctrl+O 组合键，打开云盘中的"Ch05 > 素材 > 制作时尚杂志封面 > 02"文件，选择"选择"工具 ，按 Ctrl+A 组合键，全选图形。按 Ctrl+C 组合键，复制图形。选择正在编辑的页面，按 Ctrl+V 组合键，将其粘贴到页面中，并拖曳到适当的位置，效果如图 5-41 所示。时尚杂志封面制作完成，效果如图 5-42
所示。

图 5-40

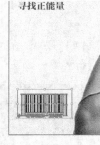

图 5-41

图 5-42

5.1.4 【相关工具】

1. 行距的设置

行距是指文本中行与行之间的距离。如果没有自定义行距值，系统将使用自动行距，这时系统将以最适合
的参数设置行间距。

选中文本，如图 5-43 所示。在"字符"控制面板中的"设置行距"选项 数值框中输入所需的数值，
可以调整行与行之间的距离。设置"设置行距"数值为 12，按 Enter 键确认，行距效果如图 5-44 所示。

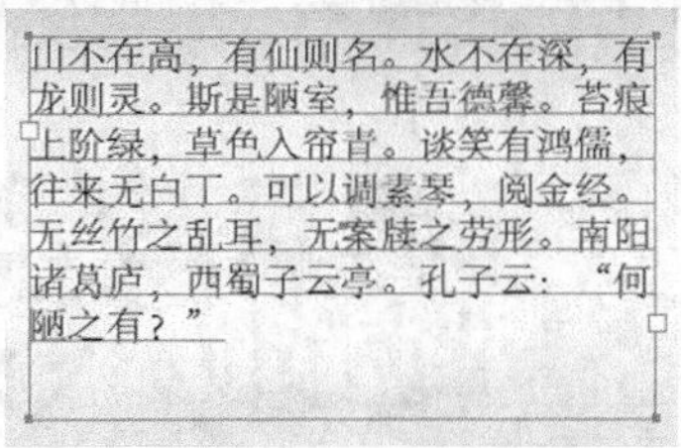

图 5-43

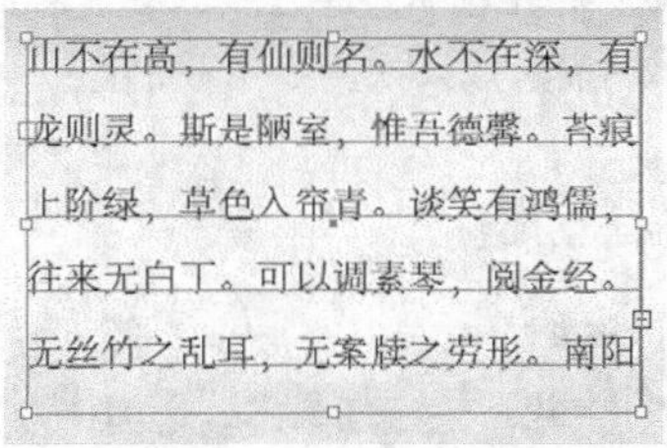

图 5-44

按键盘上的 Alt+上、下、左、右方向组合键，可以调整文字的行距和
字距。

2. 文字的填充

Illustrator CS6 中的文字和图形一样，具有填充和描边属性。文字在默认设置状态下，描边颜色为无色，
填充颜色为黑色。

使用工具箱中的"填色"或"描边"按钮，可以将文字设置在填充或描边状态。使用"颜色"控制面板可以填充或更改文本的填充颜色或描边颜色。使用"色板"控制面板中的颜色和图案可以为文字上色。

提 示 在对文本进行轮廓化处理前，渐变的效果不能应用到文字上。

选中文本，在工具箱中单击"填色"按钮，如图 5-45 所示。在"色板"控制面板中单击需要的颜色，如图 5-46 所示，文字的颜色填充效果如图 5-47 所示。

图 5-45

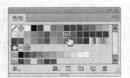
图 5-46

图 5-47

在"色板"控制面板中单击需要的图案，如图 5-48 所示，文字的图案填充效果如图 5-49 所示。

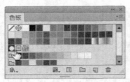
图 5-48

图 5-49

选中文本，在工具箱中单击"描边"按钮，如图 5-50 所示。在"描边"控制面板中设置描边的宽度，如图 5-51 所示，文字的描边效果如图 5-52 所示。

图 5-50

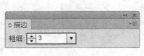
图 5-51

图 5-52

在"色板"控制面板中单击需要的图案，如图 5-53 所示，文字描边的图案填充效果如图 5-54 所示。

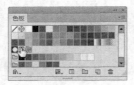
图 5-53

图 5-54

3. 文本的变换

选择"对象 > 变换"命令或"变换"工具，可以对文本进行变换。选中要变换的文本，再利用各种变换工具对文本进行旋转、对称、缩放和倾斜等变换操作。将文本进行倾斜，效果如图 5-55 所示。旋转效果如图 5-56 所示。对称效果如图 5-57 所示。

图 5-55　　　　　　图 5-56　　　　　　　图 5-57

4. 使用剪刀、美工刀工具

◎剪刀工具

绘制一段路径，如图 5-58 所示。选择"剪刀"工具 ✂，单击路径上任意一点，路径就会从单击的地方被剪切为两条路径，如图 5-59 所示。按键盘上"方向"键中的"向下"键，移动剪切的锚点，即可看见剪切后的效果，如图 5-60 所示。

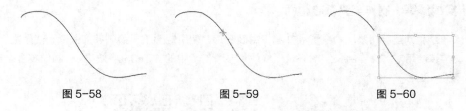

图 5-58　　　　　　图 5-59　　　　　　　图 5-60

◎刻刀工具

绘制一段闭合路径，如图 5-61 所示。选择"刻刀"工具 ✐，在需要的位置单击并按住鼠标左键从路径的上方至下方拖曳出一条线，如图 5-62 所示。释放鼠标左键，闭合路径被裁切为两个闭合路径，效果如图 5-63 所示。选择"选择"工具 ▷，选中路径的右半部，按键盘上的"方向"键中的"向右"键，移动路径，如图 5-64 所示。可以看见路径被裁切为两部分，效果如图 5-65 所示。

图 5-61　　　　图 5-62　　　　图 5-63　　　　图 5-64　　　　图 5-65

5. "纹理"效果

"纹理"效果组可以使图像产生各种纹理效果，还可以利用前景色在空白的图像上制作纹理图，如图 5-66 所示。"纹理"效果组中的各效果如图 5-67 所示。

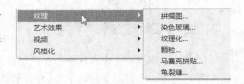

图 5-66

原图像　　　　　　　　　　拼缀图　　　　　　　　　　染色玻璃

纹理化　　　　　　　颗粒　　　　　　马赛克拼贴　　　　　龟裂缝

图 5-67

5.1.5 【实战演练】制作美食杂志封面

使用置入命令和创建剪切蒙版命令置入并编辑封面图片；使用矩形工具绘制装饰图形；使用文字工具和变换命令编辑文字；使用对齐命令将文字对齐。最终效果参看云盘中的"Ch05 > 效果 > 制作美食杂志封面"，如图 5-68 所示。

微课：制作　　　微课：制作
美食杂志　　　美食杂志
封面 1　　　　封面 2

图 5-68

5.2 制作旅游栏目

5.2.1 【案例分析】

本案例是为新婚杂志制作的旅游栏目，该旅游杂志旨在帮助新婚夫妇规划最优秀的蜜月旅游路线、向读者介绍各种旅行知识、提供一切热门旅行资讯，栏目精练内容新鲜。要求设计应符合杂志定位，明确主题。

5.2.2 【设计理念】

在设计过程中，使用大篇幅的摄影图片让人们对景区景色有了大致的了解，同时带给人视觉上的美感，抓住读者的视线，引发其参与欲望。使用醒目的栏目标题设计、美景图片和介绍性文字并进行合理编排，在展现出宣传主题的同时，增加画面的活泼性，达到宣传的目的。整体编排丰富活泼，让人印象深刻。最终效果参看云盘中的"Ch05 > 效果 > 制作旅游栏目"，如图 5-69 所示。

微课：制作
旅游栏目

图 5-69

5.2.3 【操作步骤】

步骤① 按 Ctrl+N 组合键，新建一个文档，宽度为 420mm，高度为 297mm，取向为横向，颜色模式为 CMYK，单击"确定"按钮。选择"矩形"工具 ▣ ，绘制一个矩形，如图 5-70 所示。选择"文件 > 置入"命令，弹出"置入"对话框，选择云盘中的"Ch05 > 素材 > 制作旅游栏目 > 01"文件，单击"置入"按钮，置入文件。单击属性栏中的"嵌入"按钮，嵌入图片，并调整其大小，效果如图 5-71 所示。

图 5-70　　　　　　　　　　　　　　　　图 5-71

步骤② 选择"矩形"工具 ▣ ，绘制一个矩形，如图 5-72 所示。选择"选择"工具 ▸ ，按住 Shift 键的同时，将矩形和图片同时选取，按 Ctrl+7 组合键，创建剪切蒙版，效果如图 5-73 所示。

图 5-72　　　　　　　　　　　　　　　　图 5-73

步骤③ 选择"矩形"工具 ▣ ，再绘制一个矩形，填充图形为白色，并设置描边色为无，效果如图 5-74 所示。选择"文件 > 置入"命令，弹出"置入"对话框，选择云盘中的"Ch05 > 素材 > 制作旅游栏目 > 02"文件，单击"置入"按钮，置入文件。单击属性栏中的"嵌入"按钮，嵌入图片，并调整其大小和位置，效果如图 5-75 所示。

图 5-74

图 5-75

步骤 ④ 选择"选择"工具 ，按住 Shift 键的同时，将矩形和图片同时选取，拖曳左上角的控制手柄将其旋转到适当的角度，效果如图 5-76 所示。选择"文件 > 置入"命令，弹出"置入"对话框，选择云盘中的"Ch05 > 素材 > 制作旅游栏目 > 03、04"文件，单击"置入"按钮，置入文件。单击属性栏中的"嵌入"按钮，嵌入图片，并分别调整其大小和位置，效果如图 5-77 所示。

图 5-76

图 5-77

步骤 ⑤ 选择"选择"工具 ，选取需要的白色图形和图片，按 Shift+Ctrl+] 组合键，置于顶层，效果如图 5-78 所示。按 Ctrl+O 组合键，打开云盘中的"Ch05 > 素材 > 制作旅游栏目 > 05"文件，按 Ctrl+A 组合键，全选图形，复制并将其粘贴到正在编辑的页面中，效果如图 5-79 所示。

图 5-78

图 5-79

步骤 ⑥ 选择"椭圆"工具 ，按住 Shift 键的同时，在适当的位置绘制一个圆形，设置图形填充色的 C、M、Y、K 值分别为 0、100、100、0，填充图形，并设置描边色为无，效果如图 5-80 所示。选择"矩形"工具 ，绘制一个矩形，填充图形为黑色，并设置描边色为无，效果如图 5-81 所示。

图 5-80

图 5-81

步骤 ⑦ 选择"直线段"工具 ✐，按住 Shift 键的同时，在适当的位置绘制竖线，设置竖线描边色的 C、M、Y、K 值分别为 0、100、100、0，填充竖线描边，效果如图 5-82 所示。选择"选择"工具 ▶，按住 Shift+Alt 组合键的同时，水平向右拖曳竖线到适当的位置，复制直线，效果如图 5-83 所示。

图 5-82   图 5-83

步骤 ⑧ 双击"混合"工具 ▣，在弹出的"混合选项"对话框中进行设置，如图 5-84 所示，单击"确定"按钮，分别在两条竖线上单击鼠标，图形混合后的效果如图 5-85 所示。

图 5-84   图 5-85

步骤 ⑨ 选择"文字"工具 T，在适当的位置输入需要的文字，填充文字为白色。选择"窗口 > 文字 > 字符"命令，在弹出的"字符"控制面板中进行设置，如图 5-86 所示，按 Enter 键确认操作，效果如图 5-87 所示。

步骤 ⑩ 选择"文字"工具 T，在适当的位置输入需要的文字，设置文字填充色的 C、M、Y、K 值分别为 0、0、0、40，填充文字。在"字符"控制面板中进行设置，如图 5-88 所示，按 Enter 键确认操作，效果如图 5-89 所示。

图 5-86   图 5-87   图 5-88   图 5-89

步骤 ⑪ 选择"文字"工具 T，在适当的位置输入需要的文字。在"字符"控制面板中进行设置，如图 5-90 所示，按 Enter 键确认操作，效果如图 5-91 所示。

图 5-90   图 5-91

步骤⑫ 选择"文字"工具 T，在适当的位置输入需要的文字，设置文字填充色的 C、M、Y、K 值分别为 0、0、0、50，填充文字。在"字符"控制面板中进行设置，如图 5-92 所示，按 Enter 键确认操作，效果如图 5-93 所示。

图 5-92   图 5-93

步骤⑬ 选择"直线段"工具 ／，按住 Shift 键的同时，在适当的位置绘制竖线，设置竖线描边色的 C、M、Y、K 值分别为 0、0、0、34，填充竖线描边，效果如图 5-94 所示。选择"文字"工具 T，在适当的位置输入需要的文字。在"字符"控制面板中进行设置，如图 5-95 所示，按 Enter 键确认操作，效果如图 5-96 所示。

图 5-94   图 5-95   图 5-96

步骤⑭ 选择"矩形"工具 ▣，绘制一个矩形，设置图形填充色的 C、M、Y、K 值分别为 0、100、100、10，填充图形，并设置描边色为无，效果如图 5-97 所示。选择"文字"工具 T，在适当的位置输入需要的文字，选择"选择"工具 ▶，在属性栏中选择合适的字体和文字大小，填充文字为白色，效果如图 5-98 所示。按住 Shift 键的同时，将矩形和文字同时选取，拖曳右上角的控制手柄将其旋转到适当的角度，效果如图 5-99 所示。

图 5-97   图 5-98   图 5-99

步骤⑮ 选择"文字"工具 T，在适当的位置分别输入需要的文字，选择"选择"工具 ▶，在属性栏中分别选择合适的字体和文字大小，效果如图 5-100 所示。选择"选择"工具 ▶，选择需要的文字，设置文字填充色的 C、M、Y、K 值分别为 0、0、0、80，填充文字，效果如图 5-101 所示。

步骤⑯ 选择"直线段"工具 ／，按住 Shift 键的同时，在适当的位置绘制直线，设置直线描边色的 C、M、Y、K 值分别为 0、0、0、70，填充竖线描边，效果如图 5-102 所示。用相同的方法制作其他图形与文字，旅游栏目制作完成，效果如图 5-103 所示。

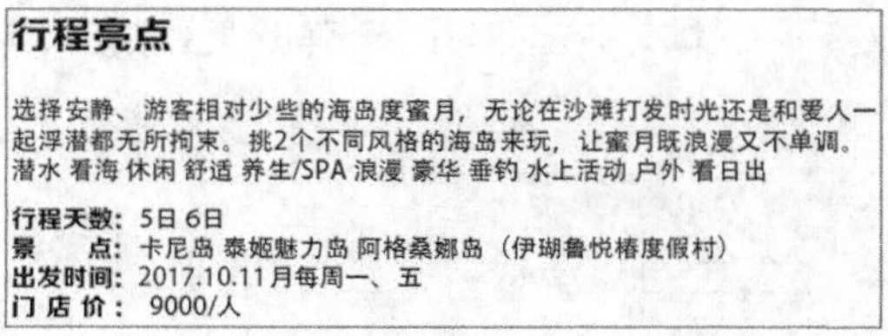

行程亮点

选择安静、游客相对少些的海岛度蜜月，无论在沙滩打发时光还是和爱人一起浮潜都无所拘束。挑2个不同风格的海岛来玩，让蜜月既浪漫又不单调。潜水 看海 休闲 舒适 养生/SPA 浪漫 豪华 垂钓 水上活动 户外 看日出

行程天数：5日 6日
景　　点：卡尼岛 泰姬魅力岛 阿格桑娜岛（伊瑚鲁悦椿度假村）
出发时间：2017.10.11月每周一、五
门店价：9000/人

图 5-100

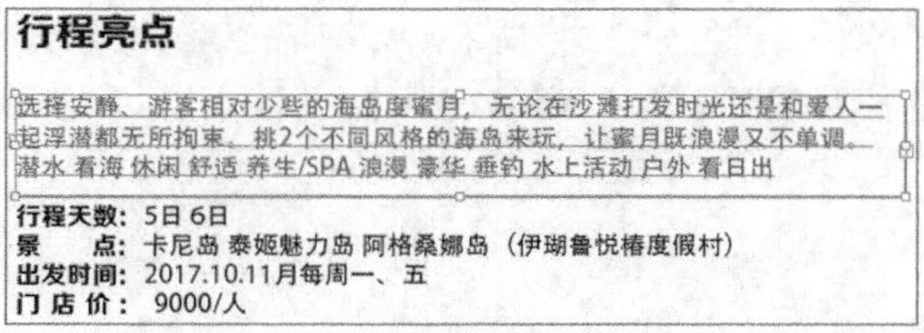

行程亮点

选择安静、游客相对少些的海岛度蜜月，无论在沙滩打发时光还是和爱人一起浮潜都无所拘束。挑2个不同风格的海岛来玩，让蜜月既浪漫又不单调。潜水 看海 休闲 舒适 养生/SPA 浪漫 豪华 垂钓 水上活动 户外 看日出

行程天数：5日 6日
景　　点：卡尼岛 泰姬魅力岛 阿格桑娜岛（伊瑚鲁悦椿度假村）
出发时间：2017.10.11月每周一、五
门店价：9000/人

图 5-101

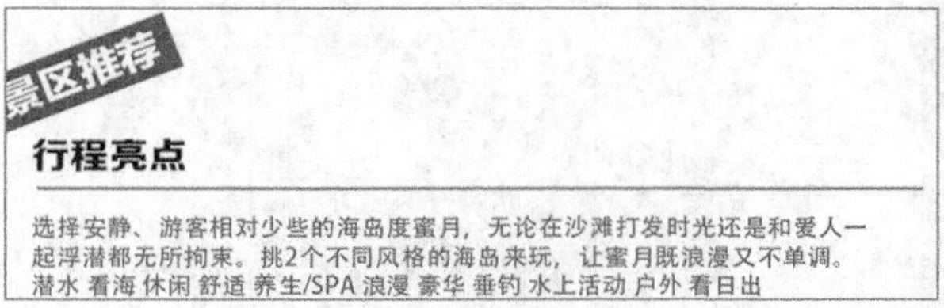

景区推荐

行程亮点

选择安静、游客相对少些的海岛度蜜月，无论在沙滩打发时光还是和爱人一起浮潜都无所拘束。挑2个不同风格的海岛来玩，让蜜月既浪漫又不单调。潜水 看海 休闲 舒适 养生/SPA 浪漫 豪华 垂钓 水上活动 户外 看日出

图 5-102

图 5-103

5.2.4 【相关工具】

1. 水平或垂直缩放

当改变文本的字号时，它的高度和宽度将同时发生改变，而利用"垂直缩放"选项T或"水平缩放"选项T可以单独改变文本的高度和宽度。

默认状态下，对于横排的文本，"垂直缩放"选项T保持文字的宽度不变，只改变文字的高度，"水平缩放"选项T将在保持文字高度不变的情况下，改变文字宽度；对于竖排的文本，会产生相反的效果，即"垂直缩放"选项T改变文本的宽度，"水平缩放"选项T改变文本的高度。

选中文本，如图 5-104 所示。文本为默认状态下的效果。在"垂直缩放"选项T数值框内设置数值为 175%，按 Enter 键确认，文字的垂直缩放效果如图 5-105 所示。

在"水平缩放"选项T数值框内设置数值为 175%，按 Enter 键确认，文字的水平缩放效果如图 5-106 所示。

图 5-104

图 5-105

图 5-106

2. 创建文本分栏

在 Illustrator CS6 中，可以对一个选中的段落文本框进行分栏。不能对点文本或路径文本进行分栏，也不能对一个文本块中的部分文本进行分栏。

选中要进行分栏的文本框，如图 5-107 所示。选择"文字 > 区域文字选项"命令，弹出"区域文字选项"对话框，如图 5-108 所示。

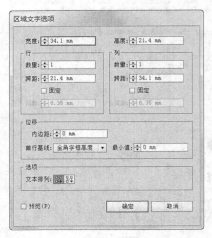

图 5-107   图 5-108

在"行"选项组中的"数量"选项中输入行数，所有的行自动定义为相同的高度，建立文本分栏后可以改变各行的高度。"跨距"选项用于设置行的高度。

在"列"选项组中的"数量"选项中输入栏数，所有的栏自动定义为相同的宽度，建立文本分栏后可以改变各栏的宽度。"跨距"选项用于设置栏的宽度。

单击"文本排列"选项后的图标按钮，如图 5-109 所示，选择一种文本流在链接时的排列方式，每个图标上的方向箭头指明了文本流的方向。

图 5-109

"区域文字选项"对话框如图 5-110 所示进行设定，单击"确定"按钮创建文本分栏，效果如图 5-111所示。

图 5-110

图 5-111

3. 链接文本框

如果文本框出现文本溢出的现象，可以通过调整文本框的大小显示所有的文本，也可以将溢出的文本链接到另一个文本框中，还可以进行多个文本框的链接。点文本和路径文本不能被链接。

选择有文本溢出的文本框。在文本框的右下角出现了田图标，表示因文本框太小有文本溢出，绘制一个闭合路径或创建一个文本框，同时将文本块和闭合路径选中，如图 5-112 所示。

选择"文字 > 串接文本 > 创建"命令，左边文本框中溢出的文本会自动移到右边的闭合路径中，效果如图 5-113 所示。

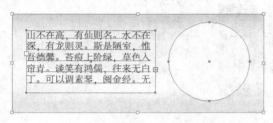
图 5-112

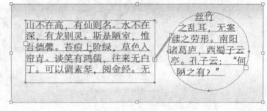
图 5-113

如果右边的文本框中还有文本溢出，可以继续添加文本框来链接溢出的文本，方法同上。链接的多个文本框其实还是一个文本框。选择"文字 > 串接文本 > 释放所选文字"命令，可以解除各文本框之间的链接状态。

4. 图文混排

图文混排效果在版式设计中是经常使用的一种效果，使用文本绕图命令可以制作出漂亮的图文混排效果。文本绕图对整个文本框起作用，对于文本框中的部分文本，以及点文本、路径文本都不能进行文本绕图。

在文本框上放置图形并调整好位置，同时选中文本框和图形，如图 5-114 所示。选择"对象 >文本绕排 > 建立"命令，建立文本绕排，文本和图形结合在一起，效果如图 5-115 所示。要增加绕排的图形，可先将图形放置在文本框上，再选择"对象 > 文本绕排 > 建立"命令，文本绕图将会重新排列，效果如图 5-116 所示。

图 5-114

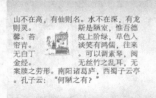
图 5-115

图 5-116

选中文本绕图对象，选择"对象 > 文本绕排 > 释放"命令，可以取消文本绕图。

提示

图形必须放置在文本框之上才能进行文本绕图。

5.2.5 【实战演练】制作家具栏目

使用复制/粘贴命令和文字工具修改栏目标题；使用置入命令、矩形工具、建立剪切蒙版命令和旋转工具制作图片效果；使用椭圆工具和圆角矩形工具绘制钟表效果；使用文字工具和字符控制面板添加栏目内容。最终效果参看云盘中的"Ch05 > 效果 > 制作家具栏目"，如图 5-117 所示。

微课：制作
家具栏目

图 5-117

5.3 综合演练——制作珠宝栏目

5.3.1 【案例分析】

珠宝是女人最好的朋友。本案例是制作珠宝栏目，要求表现婚戒的多元化和个性化，使其成为美化生活表达感情的一种因素。

5.3.2 【设计理念】

在设计过程中，使用样式多样化的戒指表现了婚戒的多元化和个性化，即带给人视觉上的冲击力，也体现了戒指的精巧细致；醒目的标题栏展现了宣传主题，介绍性文字与戒指之间的搭配，增加了画面的美感，给精致的戒指锦上添花。

5.3.3 【知识要点】

使用置入命令置入人物和珠宝图片；使用矩形工具和画笔控制面板制作栏目框；使用文字工具和字符控制面板添加栏目内容。最终效果参看云盘中的"Ch05 > 效果 > 制作珠宝栏目"，如图 5-118 所示。

微课：制作
珠宝栏目

图 5-118

5.4 综合演练——制作家居杂志封面

5.4.1 【案例分析】

本案例是制作家居杂志封面，家是人们温馨的港湾，回到家中，应该特别的放松而不是紧张压抑之感，这样对人们的身心健康也是特别重要，设计要求带给人平和宁静的感觉。

5.4.2 【设计理念】

在制作过程中，采用从家通向外面的风景这样一个视角，给人平和宁静的感觉。夕阳的光辉铺洒在房间使其与自然融为一体，让人感到和谐、自然。画面中绿色的主题和图形装饰，不但丰富了真个画面，还更加突出了主题。

5.4.3 【知识要点】

使用置入命令置入素材图片；使用文字工具和字符控制面板制作标题文字；使用文字工具和倾斜工具添加其他相关信息；使用星形工具制作装饰图形。最终效果参看云盘中的"Ch05 > 效果 > 制作家居杂志封面"，如图 5-119 所示。

微课：制作
家居杂志
封面 1

微课：制作
家居杂志
封面 2

图 5-119

第6章　宣传单设计

宣传单是直销广告的一种，对宣传活动和促销商品有着重要的作用。宣传单通过派送、邮递等形式，可以有效地将信息传达给目标受众。本章以各种不同主题的宣传单为例，讲解宣传单的设计方法和制作技巧。

课堂学习目标

- 掌握宣传单的设计思路和过程
- 掌握制作宣传单的相关工具
- 掌握宣传单的制作方法和技巧

6.1　制作教育类宣传单

6.1.1 【案例分析】

本案例是为立信国际教育制作广告宣传单，要求设计用心，将立信国际教育优质的教学特色充分展现出来，并将宣传的内容在画面中突出显示。

6.1.2 【设计理念】

在设计过程中，宣传单的背景用竖条的条纹，增加了画面的规律性，画面中的文字排列整齐，清晰直观，简单可爱的插画围绕主题，丰富了画面，增加了宣传单的观赏性。宣传单整体体现了教育行业的严谨风格，整个设计给人以条理清晰、主次分明的印象。最终效果参看云盘中的"Ch06 > 效果 > 制作教育类宣传单"，如图6-1所示。

微课：制作教育类宣传单

图6-1

6.1.3 【操作步骤】

步骤① 按 Ctrl+N 组合键，新建一个文档，宽度为 210mm，高度为 285mm，取向为竖向，颜色模式为 CMYK，单击"确定"按钮。选择"矩形"工具 ▣ ，绘制一个与页面大小相等的矩形，设置图形填充色的 C、M、Y、K 值分别为 5、11、25、0，填充图形，并设置描边色为无，效果如图 6-2 所示。

步骤② 再绘制一个矩形，设置图形填充色的 C、M、Y、K 值分别为 7、16、32、0，填充图形，并设置描边色为无，如图 6-3 所示。选择"选择"工具 ▶ ，按住 Alt+Shift 组合键的同时，水平向右拖曳矩形到适当的位置，复制矩形，效果如图 6-4 所示。

图 6-2   图 6-3   图 6-4

步骤③ 双击"混合"工具 ▦ ，弹出"混合选项"对话框，选项的设置如图 6-5 所示，单击"确定"按钮，分别在两个矩形上单击，混合后效果如图 6-6 所示。

步骤④ 选择"矩形"工具 ▣ ，在页面上方绘制矩形，设置图形填充色的 C、M、Y、K 值分别为 60、86、92、50，填充图形，并设置描边色为无，效果如图 6-7 所示。用相同的方法再次绘制矩形并填充相同的颜色，效果如图 6-8 所示。

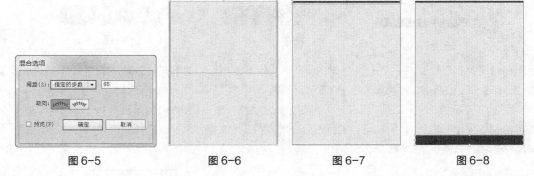

图 6-5   图 6-6   图 6-7   图 6-8

步骤⑤ 按 Ctrl+O 组合键，打开云盘中的"Ch06 > 素材 > 制作教育类宣传单 > 01"文件，选择"选择"工具 ▶ ，按 Ctrl+A 组合键，全选图形。按 Ctrl+C 组合键，复制图形。选择正在编辑的页面，按 Ctrl+V 组合键，将其粘贴到页面中，并拖曳到适当的位置，效果如图 6-9 所示。

步骤⑥ 选择"文字"工具 T ，在适当的位置分别输入需要的文字，选择"选择"工具 ▶ ，在属性栏中分别选择合适的字体和文字大小，效果如图 6-10 所示。选择"文字"工具 T ，选取需要的文字，设置文字填充色的 C、M、Y、K 值分别为 13、73、84、0，填充文字，效果如图 6-11 所示。

图 6-9

步骤⑦ 选择"选择"工具 ▶，选取上方的文字，按 Ctrl+T 组合键，弹出"字符"控制面板，将"设置所选字符的字距调整" ✕✕ 选项设为−20，如图 6-12 所示，按 Enter 键确认操作，效果如图 6-13 所示。

图 6-10

图 6-11

图 6-12

图 6-13

步骤⑧ 选择"矩形"工具 ▣，在适当的位置绘制矩形，设置图形填充色的 C、M、Y、K 值分别为 13、73、84、0，填充图形，并设置描边色为无，效果如图 6-14 所示。选择"星形"工具 ☆，在适当的位置绘制星形，设置图形填充色的 C、M、Y、K 值分别为 22、100、100、0，填充图形，并设置描边色为无，效果如图 6-15 所示。

步骤⑨ 选择"文字"工具 T，在适当的位置输入需要的文字，选择"选择"工具 ▶，在属性栏中选择合适的字体和文字大小，填充文字为白色，效果如图 6-16 所示。

图 6-14

图 6-15

图 6-16

步骤⑩ 选择"选择"工具 ▶，按 Shift 键的同时，将需要的图形和文字同时选取，按住 Alt+Shift 组合键的同时，垂直向下拖曳图形和文字到适当的位置，复制图形和文字。按 Ctrl+D 组合键，再次复制图形，效果如图 6-17 所示。选择"文字"工具 T，分别修改需要的文字，效果如图 6-18 所示。

步骤⑪ 选择"文字"工具 T，在适当的位置分别输入需要的文字，选择"选择"工具 ▶，在属性栏中分别选择合适的字体和文字大小，效果如图 6-19 所示。

图 6-17

图 6-18

图 6-19

步骤 ⑫ 选择"选择"工具 ，选取需要的文字，在"字符"控制面板中将"设置所选字符的字距调整" 选项设为-20，如图 6-20 所示，按 Enter 键确认操作，效果如图 6-21 所示。用相同的方法设置其他文字的间距，效果如图 6-22 所示。

图 6-20　　　　　　　　图 6-21　　　　　　　　图 6-22

步骤 ⑬ 选择"选择"工具 ，选取上方需要的文字，设置文字填充色的 C、M、Y、K 值分别为 80、20、95、0，填充文字，效果如图 6-23 所示。再次选取需要的文字，设置文字填充色的 C、M、Y、K 值分别为 13、73、84、0，填充文字，效果如图 6-24 所示。选择"文字"工具 ，分别选取需要的文字，填充适当的颜色，效果如图 6-25 所示。

图 6-23　　　　　　　　图 6-24　　　　　　　　图 6-25

步骤 ⑭ 选择"星形"工具 ，在页面中单击，弹出"星形"对话框，选项的设置如图 6-26 所示，单击"确定"按钮，绘制星形。设置图形填充色的 C、M、Y、K 值分别为 60、86、92、50，填充图形，并设置描边色为无，效果如图 6-27 所示。选择"选择"工具 ，选取需要的星形，拖曳控制手柄调整其大小和形状，效果如图 6-28 所示。

图 6-26　　　　　　　　图 6-27　　　　　　　　图 6-28

步骤 ⑮ 保持图形的选取状态，选择"旋转"工具 ，拖曳鼠标旋转图形，效果如图 6-29 所示。选择"文字"工具 ，在适当的位置输入需要的文字，选择"选择"工具 ，在属性栏中选择合适的字体和文字大小，填充文字为白色，效果如图 6-30 所示。拖曳鼠标将文字旋转到适当的角度，效果如图 6-31 所示。

图 6-29

图 6-30

图 6-31

步骤⑯ 按 Ctrl+O 组合键，打开云盘中的"Ch06 > 素材 > 制作教育类宣传单 > 02"文件，选择"选择"工具 🔺，按 Ctrl+A 组合键，全选图形。按 Ctrl+C 组合键，复制图形。选择正在编辑的页面，按 Ctrl+V 组合键，将其粘贴到页面中，并拖曳到适当的位置，效果如图 6-32 所示。

步骤⑰ 选择"文字"工具 T，在适当的位置分别输入需要的文字，选择"选择"工具 🔺，在属性栏中分别选择合适的字体和文字大小，效果如图 6-33 所示。选择上方文字，在"字符"控制面板中将"设置所选字符的字距调整" VA 选项设为 40，如图 6-34 所示，按 Enter 键确认操作，效果如图 6-35 所示。

图 6-32

图 6-33

图 6-34

图 6-35

步骤⑱ 选择"文字"工具 T，在适当的位置分别输入需要的文字，选择"选择"工具 🔺，在属性栏中分别选择合适的字体和文字大小，效果如图 6-36 所示。选择"直线段"工具 ╱，按住 Shift 键的同时，在适当的位置拖曳鼠标绘制直线，效果如图 6-37 所示。

图 6-36

图 6-37

步骤⑲ 选择"文字"工具 T，在适当的位置分别输入需要的文字，选择"选择"工具 🔺，在属性栏中分别选择合适的字体和文字大小，填充文字为白色，效果如图 6-38 所示。教育类宣传单制作完成，效果如图 6-39 所示。

图 6-38

图 6-39

6.1.4 【相关工具】

1. 混合效果的使用

选择混合命令可以对整个图形、部分路径或控制点进行混合。混合对象后，中间各级路径上的点的数量、位置以及点之间线段的性质取决于起始对象和终点对象上点的数目，同时还取决于在每个路径上指定的特定点。

混合命令试图匹配起始对象和终点对象上的所有点，并在每对相邻的点间画条线段。起始对象和终点对象最好包含相同数目的控制点。如果两个对象含有不同数目的控制点，Illustrator CS6 将在中间级中增加或减少控制点。

◎ 创建混合对象

选择"选择"工具 ，选取要进行混合的 2 个对象，如图 6-40 所示。选择"混合"工具 ，用鼠标单击要混合的起始图像，如图 6-41 所示。

图 6-40   图 6-41

在另一个要混合的图像上单击鼠标，将它设置为目标图像，如图 6-42 所示。绘制出的混合图像效果如图 6-43 所示。

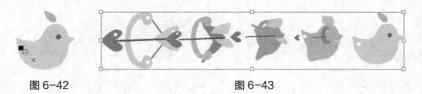

图 6-42   图 6-43

选择"选择"工具 ，选取要进行混合的对象。选择"对象 > 混合 > 建立"命令（组合键为 Alt+Ctrl+B），绘制出混合图像。

◎ 创建混合路径

选择"选择"工具 ，选取要进行混合的对象，如图 6-44 所示。选择"混合"工具 ，用鼠标单击要混合的起始路径上的某一节点，如图 6-45 所示。

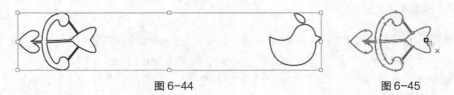

图 6-44   图 6-45

用鼠标单击另一个要混合的目标路径上的某一节点，将它设置为目标路径，如图 6-46 所示。绘制出混合路径，效果如图 6-47 所示。

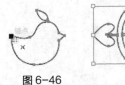

图 6-46

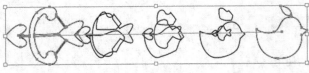

图 6-47

在起始路径和目标路径上单击的节点不同，所得出的混合效果也不同。

选择"混合"工具，用鼠标单击混合路径中最后一个混合对象路径上的节点，如图 6-48 所示。单击想要添加的其他对象路径上的节点，如图 6-49 所示。可继续混合其他对象，效果如图 6-50 所示。

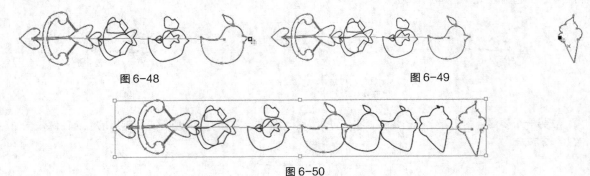

图 6-48　　　　　　　　　　　　　　　　图 6-49

图 6-50

◎ 释放混合对象

选择"选择"工具，选取一组混合对象，如图 6-51 所示。选择"对象 > 混合 > 释放"命令（组合键为 Alt + Shift +Ctrl+B），释放混合对象，效果如图 6-52 所示。

图 6-51　　　　　　　　　　　　　　　　图 6-52

◎ 使用混合选项对话框

选择"选择"工具，选取要进行混合的对象，如图 6-53 所示。选择"对象 > 混合 > 混合选项"命令，弹出"混合选项"对话框，在对话框中"间距"选项的下拉列表中选择"平滑颜色"，可以使混合的颜色保持平滑，如图 6-54 所示。

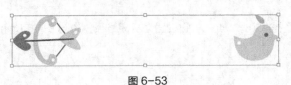

图 6-53

图 6-54

在对话框中"间距"选项的下拉列表中选择"指定的步数",可以设置混合对象的步骤数,如图 6-55 所示。在对话框中"间距"选项的下拉列表中选择"指定的距离"选项,可以设置混合对象间的距离,如图 6-56 所示。

图 6-55

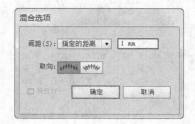

图 6-56

在对话框的"取向"选项组中有两个选项可以选择:"对齐页面"选项和"对齐路径"选项,如图 6-57 所示。设置每个选项后,单击"确定"按钮。选择"对象 > 混合 > 建立"命令,将对象混合,效果如图 6-58 所示。

图 6-57

图 6-58

如果想要将混合图形与存在的路径结合,同时选取混合图形和外部路径,选择"对象 > 混合 > 替换混合轴"命令,可以替换混合图形中的混合路径,混合前后的效果对比如图 6-59 和图 6-60 所示。

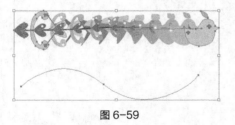

图 6-59

图 6-60

2. "扭曲和变换"效果

"扭曲和变换"效果组可以使对象产生各种扭曲变形的效果。选择"效果 > 扭曲和变换"命令,其子菜单包括 7 个效果命令,如图 6-61 所示。"扭曲和变换"效果组中的效果如图 6-62 所示。

图 6-61

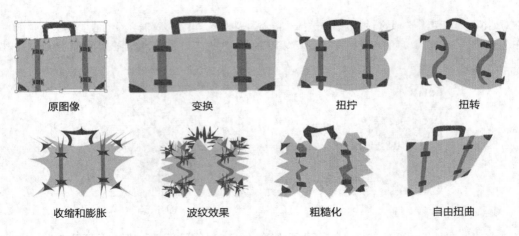

原图像　　　　　　　变换　　　　　　　　扭拧　　　　　　　　扭转

收缩和膨胀　　　　　波纹效果　　　　　　粗糙化　　　　　　　自由扭曲

图 6-62

6.1.5 【实战演练】制作食品宣传单

使用置入命令置入素材文件；使用文字工具和字符控制面板制作标题文字和其他文字信息；使用矩形工具、椭圆工具和路径查找器控制面板制作修饰图像。最终效果参看云盘中的"Ch06 > 效果 > 制作食品宣传单"，如图 6-63 所示。

微课：制作　　微课：制作
食品宣传　　　食品宣传
单 1　　　　　单 2

图 6-63

6.2 制作汽车宣传单

6.2.1 【案例分析】

汽车的普及为人类社会和生活创造了许多新生事物，让人们的生活有了翻天覆地的变化。本案例是制作汽车宣传单，宣传单的设计要求是不仅要突出汽车特色，最主要还是打动顾客的心。

6.2.2 【设计理念】

在设计过程中，用蓝天和大海为背景，给人无限的遐想空间。铿锵有力的广告语，体现了汽车独有的非凡气势。舒适的内部构成让车体展示更全面。清晰简洁的折线图用数据说服顾客，打动顾客的心。最终效果参看云盘中的"Ch06 > 效果 > 制作汽车宣传单"，如图 6-64 所示。

微课：制作
汽车宣传单

图 6-64

6.2.3 【操作步骤】

步骤① 按 Ctrl+N 组合键，新建一个文档，宽度为 450mm，高度为 300mm，取向为横向，颜色模式为 CMYK，单击"确定"按钮。

步骤② 选择"文件 > 置入"命令，弹出"置入"对话框，选择云盘中的"Ch06 > 素材 > 制作汽车宣传单 > 01"文件，单击"置入"按钮，在页面中单击置入图片。在属性栏中单击"嵌入"按钮，嵌入图片。选择"选择"工具 ，拖曳图片到适当的位置并调整其大小，按 Ctrl+2 组合键，锁定所选对象，效果如图 6-65 所示。

步骤③ 选择"文件 > 置入"命令，弹出"置入"对话框，分别选择云盘中的"Ch06 > 素材 > 制作汽车宣传单 > 02、03、04、05"文件，单击"置入"按钮，在页面中单击分别置入图片。在属性栏中单击"嵌入"按钮，嵌入图片。选择"选择"工具 ，分别拖曳图片到适当的位置并调整其大小，效果如图 6-66 所示。

图 6-65   图 6-66

步骤④ 选择"文字"工具 T ，在页面中输入需要的文字。选择"选择"工具 ，在属性栏中选择合适的字体并设置文字大小。填充文字为白色，并设置文字描边色的 C、M、Y、K 值分别为 100、61、0、53，效果如图 6-67 所示。使用相同方法输入其他文字并填充相应的颜色，效果如图 6-68 所示。

图 6-67   图 6-68

步骤⑤ 选择"钢笔"工具 ，在适当的位置绘制 1 条折线条，选择"选择"工具 ，将所绘制的折线条选中，设置折线条描边色的 C、M、Y、K 值分别为 100、61、0、53，填充线条描边，效果如图 6-69 所示。

步骤⑥ 选择"折线图"工具 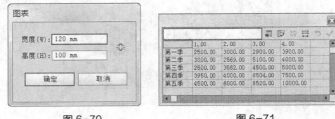，在页面中单击鼠标，弹出"图表"对话框，设置如图 6-70 所示，单击"确定"按钮，弹出"图表数据"对话框，输入需要的数据，效果如图 6-71 所示。

图 6-69   图 6-70   图 6-71

步骤⑦ 输入完成后，关闭"图表数据"对话框，建立折线图表，效果如图 6-72 所示。选择"选择"工具 ，选取折线图表，将其拖曳到页面中适当的位置，效果如图 6-73 所示。

图 6-72   图 6-73

步骤⑧ 选择"直接选择"工具 ，按住 Shift 键同时选取多个文字和数字，填充文字为白色，设置描边色为无，并调整大小。效果如图 6-74 所示。按住 Shift 键同时，选取一条完整的折线，并设置折线描边色的 C、M、Y、K 值分别为 0、100、50、60，填充折线描边，效果如图 6-75 所示。使用相同方法制作其他效果，如图 6-76 所示。汽车宣传单制作完成。效果如图 6-77 所示。

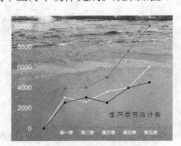
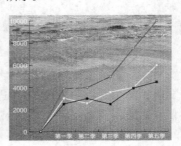

图 6-74   图 6-75

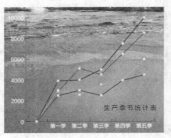

图 6-76   图 6-77

6.2.4 【相关工具】

1. 折线图

折线图可以显示出某种事物随时间变化的发展趋势，很明显地表现出数据的变化走向。折线图也是一种比较常见的图表，给人以很直接明了的视觉效果。

与创建柱形图的步骤相似，选择"折线图"工具 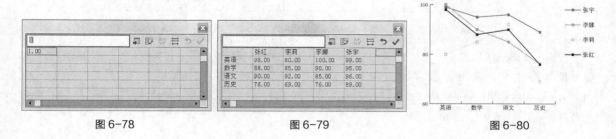，拖曳光标绘制出一个矩形区域或在页面上任意位置单击鼠标，弹出"图表数据"对话框，如图 6-78 所示，在对话框中输入相应的数据，如图 6-79 所示，最后单击"应用"按钮 ✓，折线图表效果如图 6-80 所示。

图 6-78　　　　　　　　图 6-79　　　　　　　　图 6-80

2. "3D"效果

"3D"效果组主要用于将对象改变成 3D 的效果，如图 6-81 所示。

图 6-81

"3D"效果组中的效果如图 6-82 所示。

原图像　　　　　凸出和斜角　　　　　绕转　　　　　旋转

图 6-82

3. 绘制矩形网格

◎ 拖曳鼠标绘制矩形网格

选择"矩形网格"工具 ▦，在页面中需要的位置单击并按住鼠标左键不放，拖曳鼠标到需要的位置，释放鼠标左键，绘制出一个矩形网格，效果如图 6-83 所示。

选择"矩形网格"工具▦，按住 Shift 键，在页面中需要的位置单击并按住鼠标左键不放，拖曳鼠标到需要的位置，释放鼠标左键，绘制出一个正方形网格，效果如图 6-84 所示。

选择"矩形网格"工具▦，按住 ~ 键，在页面中需要的位置单击并按住鼠标左键不放，拖曳鼠标到需要的位置，释放鼠标左键，绘制出多个矩形网格，效果如图 6-85 所示。

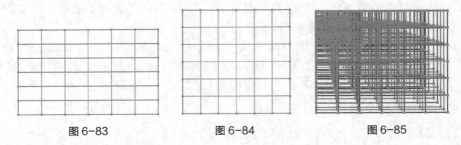

图 6-83   图 6-84   图 6-85

选择"矩形网格"工具▦，在页面中需要的位置单击并按住鼠标左键不放，拖曳鼠标到需要的位置，再按住键盘上"方向"键中的向上移动键，可以增加矩形网格的行数。如果按住键盘上"方向"键中的向下移动键，则可以减少矩形网格的行数。此方法在"极坐标网格"工具◉、"多边形"工具●和"星形"工具★中同样适用。

◎ **精确绘制矩形网格**

选择"矩形网格"工具▦，在页面中需要的位置单击，弹出"矩形网格工具选项"对话框，如图 6-86 所示。

在对话框的"默认大小"选项组中，"宽度"选项可以设置矩形网格的宽度，"高度"选项可以设置矩形网格的高度。在"水平分隔线"选项组中，"数量"选项可以设置矩形网格中水平网格线的数量；"下、上方倾斜"选项可以设置水平网格的倾向。在"垂直分隔线"选项组中，"数量"选项可以设置矩形网格中垂直网格线的数量；"左、右方倾斜"选项可以设置垂直网格的倾向。设置完成后，单击"确定"按钮，得到如图 6-87 所示的矩形网格。

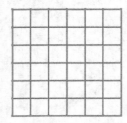

图 6-86   图 6-87

6.2.5 【实战演练】制作月饼宣传单

使用置入命令置入素材图片；使用渐变工具为文字添加渐变色；使用文字工具添加其他信息；使用椭圆

工具、钢笔工具和直线段工具制作装饰图形。最终效果参看云盘中的"Ch06 > 效果 >制作月饼宣传单"，如图 6-88 所示。

微课：制作
月饼宣传单

图 6-88

6.3 综合演练——制作特惠宣传单

6.3.1 【案例分析】

本案例是制作房地产公司制作特惠广告宣传单，要求表现出欢乐喜庆的购房氛围，在插画绘制上要使用明亮鲜艳的色彩搭配，能够让人耳目一新。

6.3.2 【设计理念】

在设计过程中，使用亮黄色作为宣传单的背景，五彩缤纷的楼房卡通图案使画面更加丰富活泼，将宣传的字体进行立体的处理，使画面具有空间感，整个宣传单色彩丰富艳丽，能够快速吸引和抓住消费者的眼球，达到宣传效果。

6.3.3 【知识要点】

使用钢笔工具和渐变工具绘制介绍框；使用文字工具、字符控制面板和钢笔工具添加宣传语；使用矩形工具、钢笔工具、转换锚点工具、投影命令和文字工具制作介绍语。最终效果参看云盘中的"Ch06 > 效果 > 制作特惠宣传单"，如图 6-89 所示。

微课：制作
特惠宣传
单 1

微课：制作
特惠宣传
单 2

图 6-89

6.4　综合演练——制作夏令营宣传单

6.4.1　【案例分析】

本案例是为英语夏令营制作的宣传海报，主要针对的客户是家长和学生们，要求能展示出轻松活泼、欢乐热闹的氛围，能使人有想要积极参与的欲望。

6.4.2　【设计理念】

在设计过程中，首先通过草绿色与白色的结合营造出轻松、活力、健康的氛围。使用地球图形和边界的装饰图案在突出宣传主题的同时，带来视觉上的强力冲击，展现出热情和活力感，形成热闹、欢快的感觉。再用飞机和虚线将宣传内容连接在一起，在介绍内容的同时，起到引导人们视线的作用，宣传性强。文字的设计和用色活泼、大方，与主题相呼应。

6.4.3　【知识要点】

使用矩形工具和钢笔工具绘制背景效果；使用置入命令添加图片和宣传文字；使用钢笔工具、文字工具和复制命令制作云图形；使用文字工具和字符控制面板添加电话信息。最终效果参看云盘中的"Ch06 > 效果 > 制作夏令营宣传单"，如图 6-90 所示。

微课：制作夏
令营宣传单

图 6-90

第7章 广告设计

广告以多样的形式出现在城市中，是城市商业发展的写照。广告通过电视、报纸、霓虹灯等媒体来发布。好的广告要强化视觉冲击力，抓住观众的视线。本章以多种题材的广告为例，讲解广告的设计方法和制作技巧。

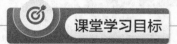课堂学习目标

- 掌握广告的设计思路和过程
- 掌握制作广告的相关工具
- 掌握广告的制作方法和技巧

7.1 制作家电广告

7.1.1 【案例分析】

本案例是为家电品牌制作广告。设计要求围绕着活动信息制作宣传广告，画面设计要色彩艳丽，表现出促销活动的热闹与喜庆。

7.1.2 【设计理念】

在设计过程中，广告背景使用红色色调，使画面看起来温暖喜庆，标题文字在广告的上方突出醒目，中间的活动信息制作独特，富有创意，下方的家电图片使人一目了然，广告的整体设计符合广告的需求，吸引人的注意力。最终效果参看云盘中的"Ch07 > 效果 > 制作家电广告"，如图 7-1 所示。

微课：制作
家电广告

图 7-1

7.1.3 【操作步骤】

步骤① 按 Ctrl+N 组合键，新建一个文档，宽度为 210mm，高度为 285mm，取向为竖向，颜色模式为 CMYK，单击"确定"按钮。选择"矩形"工具 ▣，绘制一个矩形，如图 7-2 所示。双击"渐变"工具 ▣，弹出"渐变"控制面板，在色带上设置两个渐变滑块，分别将渐变滑块的位置设为 0、100，并设置 C、M、Y、K 的值分别为 0（7、48、15、0）、100（0、91、71、0），其他选项的设置如图 7-3 所示，图形被填充为渐变色，并设置描边色为无，效果如图 7-4 所示。

图 7-2　　　　　　　图 7-3　　　　　　　图 7-4

步骤② 选择"钢笔"工具 ✑，在适当的位置绘制图形。设置图形填充色的 C、M、Y、K 值分别为 1、91、54、0，填充图形，并设置描边色为无，效果如图 7-5 所示。选择"效果 > 风格化 > 投影"命令，弹出对话框，将投影颜色的 C、M、Y、K 值分别设置为 39、91、63、2，其他选项的设置如图 7-6 所示，单击"确定"按钮，效果如图 7-7 所示。

图 7-5　　　　　　　图 7-6　　　　　　　图 7-7

步骤③ 用上述方法绘制图形，并填充相同的颜色，添加投影后，效果如图 7-8 所示。选择"文件 > 置入"命令，弹出"置入"对话框，选择云盘中的"Ch07 > 素材 > 制作家电广告 > 01"文件，单击"置入"按钮，置入文件。单击属性栏中的"嵌入"按钮，嵌入图片，并调整其大小，效果如图 7-9 所示。

图 7-8　　　　　　　图 7-9

步骤④ 选择"文字"工具 T，在适当的位置分别输入需要的文字，选择"选择"工具 ➤，在属性栏中分别选择合适的字体和文字大小，效果如图 7-10 所示。分别选取需要的文字，设置文字填充色为黄色（其 C、M、Y、K 的值分别为 6、12、87、0）和白色，填充文字，效果如图 7-11 所示。

步骤⑤ 选择"选择"工具 ➤，将需要的文字同时选取，按住 Alt 键的同时，将其拖曳到适当的位置，复制文字，效果如图 7-12 所示。分别选取文字，填充适当的颜色，效果如图 7-13 所示。

图 7-10   图 7-11   图 7-12   图 7-13

步骤⑥ 选择"选择"工具 ➤，将需要的文字同时选取，连续按 Ctrl+ [组合键，将文字向后移到适当的位置，效果如图 7-14 所示。分别选取文字，将其旋转到适当的角度，效果如图 7-15 所示。

步骤⑦ 选择"钢笔"工具 ✍，在适当的位置绘制图形。设置图形填充色的 C、M、Y、K 值分别为 19、94、100、0，填充图形，并设置描边色为无，效果如图 7-16 所示。选择"选择"工具 ➤，将图形选取，按住 Alt 键的同时，将其拖曳到适当的位置，复制图形，填充为白色，效果如图 7-17 所示。

图 7-14   图 7-15   图 7-16   图 7-17

步骤⑧ 选择"文字"工具 T，在适当的位置输入需要的文字，选择"选择"工具 ➤，在属性栏中选择合适的字体和文字大小，设置文字填充色的 C、M、Y、K 值分别为 1、91、54、0，填充文字，效果如图 7-18 所示。拖曳文字将其旋转到适当的角度，效果如图 7-19 所示。

步骤⑨ 按 Ctrl+O 组合键，打开云盘中的"Ch07 > 素材 > 制作家电广告 > 02"文件，选择"选择"工具 ➤，按 Ctrl+A 组合键，全选图形。按 Ctrl+C 组合键，复制图形。选择正在编辑的页面，按 Ctrl+V 组合键，将其粘贴到页面中，并拖曳到适当的位置，效果如图 7-20 所示。

图 7-18   图 7-19   图 7-20

步骤⑩ 选择"椭圆"工具 ◯，按住 Shift 键的同时，在适当的位置绘制圆形，设置图形填充色的 C、M、Y、K 值分别为 32、100、77、1，填充图形，并设置描边色为无，效果如图 7-21 所示。

步骤⑪ 选择"选择"工具 ➤，将图形选取，按住 Alt 键的同时，将其拖曳到适当的位置，复制图形，效果如

图 7-22 所示。再次拖曳图形到适当的位置，复制图形，如图 7-23 所示。设置图形填充色的 C、M、Y、K 值分别为 25、97、55、0，填充图形，效果如图 7-24 所示。

| 图 7-21 | 图 7-22 | 图 7-23 | 图 7-24 |

步骤⑫ 选择"文字"工具 T，在适当的位置分别输入需要的文字，选择"选择"工具，在属性栏中分别选择合适的字体和文字大小，填充文字为白色，效果如图 7-25 所示。选择"椭圆"工具，按住 Shift 键的同时，在适当的位置绘制圆形，填充描边为白色，并在属性栏中将"描边粗细"选项设为 1.2pt，按 Enter 键确认操作，效果如图 7-26 所示。

| 图 7-25 | 图 7-26 |

步骤⑬ 选择"剪刀"工具，在圆上需要的位置单击，剪切图形，如图 7-27 所示。在另一位置再次单击，剪切图形，如图 7-28 所示。选择"选择"工具，选取需要的图形，如图 7-29 所示，按 Delete 键，删除图形，效果如图 7-30 所示。

| 图 7-27 | 图 7-28 | 图 7-29 | 图 7-30 |

步骤⑭ 用相同的方法制作其他圆上的效果，如图 7-31 所示。选择"选择"工具，将需要的图形和文字同时选取，连续按 Ctrl+ [组合键，后移图形和文字，效果如图 7-32 所示。

| 图 7-31 | 图 7-32 |

步骤⑮ 选择"文字"工具 $\boxed{T}$，在适当的位置输入需要的文字，选择"选择"工具 $\boxed{↖}$，在属性栏中选择合适的字体和文字大小，填充文字为白色，效果如图 7-33 所示。家电广告制作完成，效果如图 7-34 所示。

咨询热线：010-3201511 3201522

图 7-33

图 7-34

7.1.4 【相关工具】

1. 使用样式

Illustrator CS6 提供了多种样式库供选择和使用。下面具体介绍各种样式的使用方法。

◎ **"图形样式"控制面板**

选择"窗口 > 图形样式"命令，弹出"图形样式"控制面板。在默认的状态下，控制面板的效果如图 7-35 所示。在"图形样式"控制面板中，系统提供多种预置的样式。在制作图像的过程中，不但可以任意调用控制面板中的样式，还可以创建、保存、管理样式。在"图形样式"控制面板的下方，"断开图形样式链接"按钮 $\boxed{⟲}$ 用于断开样式与图形之间的链接；"新建图形样式"按钮 $\boxed{▢}$ 用于建立新的样式；"删除图形样式"按钮 $\boxed{🗑}$ 用于删除不需要的样式。

Illustrator CS6 提供了丰富的样式库，可以根据需要调出样式库。选择"窗口 > 图形样式库"命令，弹出其子菜单，如图 7-36 所示，可以调出不同的样式库，如图 7-37 所示。

图 7-35

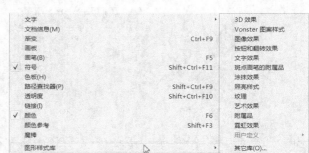

图 7-36

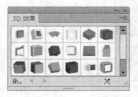

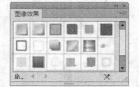

图 7-37

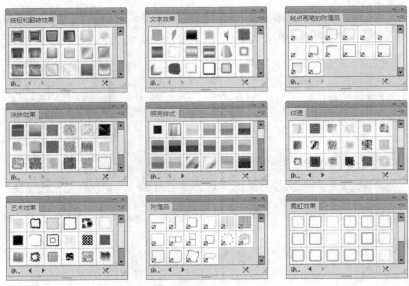

图 7-37（续）

 Illustrator CS6 中的样式有 CMYK 颜色模式和 RGB 颜色模式两种类型。

◎ **使用样式**

选中要添加样式的图形，如图 7-38 所示。在"图形样式"控制面板中单击要添加的样式，如图 7-39 所示。图形被添加样式后的效果如图 7-40 所示。

图 7-38

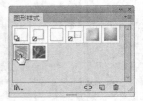

图 7-39

图 7-40

定义图形的外观后可以将其保存。选中要保存外观的图形，如图 7-41 所示。单击"图形样式"控制面板中的"新建图形样式"按钮，样式被保存到样式库，如图 7-42 所示。用鼠标将图形直接拖曳到"图形样式"控制面板中也可以保存图形的样式，如图 7-43 所示。

图 7-41

图 7-42

图 7-43

当把"图形样式"控制面板中的样式添加到图形上时，Illustrator CS6 将在图形和选定的样式之间创建一种链接关系，也就是说，如果"图形样式"控制面板中的样式发生了变化，那么被添加了该样式的图形也会随之变化。单击"图形样式"控制面板中的"断开图形样式链接"按钮 ，可断开链接关系。

2. 绘制多边形

◎ **使用鼠标绘制多边形**

选择"多边形"工具 ，在页面中需要的位置单击并按住鼠标左键不放，拖曳光标到需要的位置，释放鼠标左键，绘制出一个多边形，如图 7-44 所示。

选择"多边形"工具 ，按住 Shift 键，在页面中需要的位置单击并按住鼠标左键不放，拖曳光标到需要的位置，释放鼠标左键，绘制出一个正多边形，效果如图 7-45 所示。

选择"多边形"工具 ，按住 ~ 键，在页面中需要的位置单击并按住鼠标左键不放，拖曳光标到需要的位置，释放鼠标左键，绘制出多个多边形，效果如图 7-46 所示。

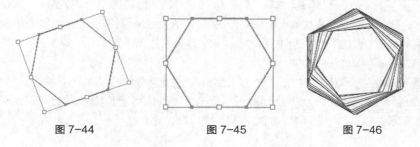

图 7-44　　　　　　　图 7-45　　　　　　　图 7-46

◎ **精确绘制多边形**

选择"多边形"工具 ，在页面中需要的位置单击，弹出"多边形"对话框，如图 7-47 所示。在对话框中，"半径"选项可以设置多边形的半径，半径指的是从多边形中心点到多边形顶点的距离，而中心点一般为多边形的重心；"边数"选项可以设置多边形的边数。设置完成后，单击"确定"按钮，得到图 7-48 所示的多边形。

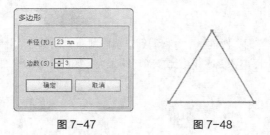

图 7-47　　　　　　　图 7-48

3. 绘制光晕形

应用光晕工具可以绘制出镜头光晕的效果，在绘制出的图形中包括一个明亮的发光点，以及光晕、光线和光环等对象，通过调节中心控制点和末端控制柄的位置，可以改变光线的方向。光晕形的组成部分如图 7-49 所示。

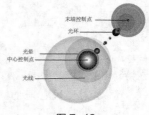

图 7-49

◎ **使用鼠标绘制光晕形**

选择"光晕"工具 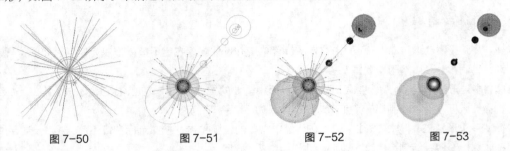 ，在页面中需要的位置单击并按住鼠标左键不放，拖曳鼠标到需要的位置，如图 7-50 所示。释放鼠标左键，然后在其他需要的位置再次单击并拖动鼠标，如图 7-51 所示。释放鼠标左键，绘制一个光晕形，如图 7-52 所示。取消选取后的光晕形效果如图 7-53 所示。

图 7-50 　　　　　图 7-51 　　　　　图 7-52 　　　　　图 7-53

在光晕形保持不变时，不释放鼠标左键，按住 Shift 键后再次拖动鼠标，中心控制点、光线和光晕随鼠标拖曳按比例缩放；按住 Ctrl 键后再次拖曳鼠标，中心控制点的大小保持不变，而光线和光晕随鼠标拖曳按比例缩放；同时按住键盘上"方向"键中的向上移动键，可以逐渐增加光线的数量；按住键盘上"方向"键中的向下移动键，则可以逐渐减少光线的数量。

下面介绍调节中心控制点和末端控制柄之间的距离，以及光环数量的方法。

在绘制出的光晕形保持不变时，把鼠标指针移动到末端控制柄上，当鼠标指针变成 ✳ 形状时，拖曳鼠标调整中心控制点和末端控制柄之间的距离，如图 7-54 和图 7-55 所示。

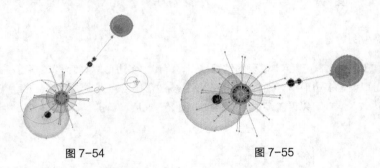

图 7-54 　　　　　　　　　　图 7-55

在绘制出的光晕形保持不变时，把鼠标指针移动到末端控制柄上，当鼠标指针变成 ✳ 形状时拖曳鼠标，按住 Ctrl 键后再次拖曳鼠标，可以单独更改终止位置光环的大小，如图 7-56 和图 7-57 所示。

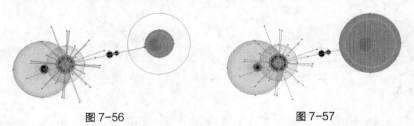

图 7-56 　　　　　　　　　　图 7-57

在绘制出的光晕形保持不变时，把鼠标指针移动到末端控制柄上，当鼠标指针变成 ✳ 形状时拖曳鼠标，按住 ~ 键，可以重新随机地排列光环的位置，如图 7-58 和图 7-59 所示。

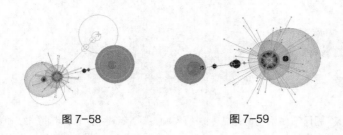

图 7-58   图 7-59

◎ **精确绘制光晕形**

选择"光晕"工具 ⊙ ，在页面中需要的位置单击，或双击"光晕"工具 ⊙ ，弹出"光晕工具选项"对话框，如图 7-60 所示。

在对话框的"居中"选项组中，"直径"选项可以设置中心控制点直径的大小，"不透明度"选项可以设置中心控制点的不透明度比例，"亮度"选项可以设置中心控制点的亮度比例。在"光晕"选项组中，"增大"选项可以设置光晕围绕中心控制点的辐射程度，"模糊度"选项可以设置光晕在图形中的模糊程度。在"射线"选项组中，"数量"选项可以设置光线的数量，"最长"选项可以设置光线的长度，"模糊度"选项可以设置光线在图形中的模糊程度。在"环形"选项组中，"路径"选项可以设置光环所在路径的长度值，"数量"选项可以设置光环在图形中的数量，"最大"选项可以设置光环的大小比例，"方向"选项可以设置光环在图形中的旋转角度，还可以通过右边的角度控制按钮调节光环的角度。设置完成后，单击"确定"按钮，得到如图 7-61 所示的光晕形。

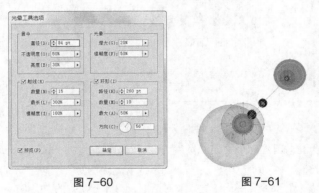

图 7-60   图 7-61

7.1.5 【实战演练】制作房地产广告

使用置入命令导入背景底图；使用文字工具、字形命令添加相关文字和字形；使用星形工具、缩放命令绘制装饰星形；使用文字工具和路径文字工具添加文字。最终效果参看云盘中的"Ch07 > 效果 > 制作房地产广告"，如图 7-62 所示。

图 7-62

微课：制作
房地产广告

7.2 制作相机广告

7.2.1 【案例分析】

相机目前已经成为人们日常生活中的必需品，每时每刻记录着生活中的点滴。相机品牌丰富多样，所以其竞争也越发激烈。本案例是为相机公司设计制作的广告。设计中要求表现出相机的新技术及特色。

7.2.2 【设计理念】

在设计过程中，用一张美丽的黄昏照作为背景营造出安宁舒适的氛围，即突出了相机主体，也体现了相机品质的优越；简洁的文字点明主题，同时识别性强；整个设计寓意深远且紧扣主题，使人们产生对产品的期待与购买欲望。最终效果参看云盘中的"Ch07 > 效果 > 制作相机广告"，如图 7-63 所示。

微课：制作
相机广告

图 7-63

7.2.3 【操作步骤】

1. 制作背景

步骤❶ 按 Ctrl+N 组合键，新建一个文档，宽度为 210mm，高度为 290mm，取向为竖向，颜色模式为 CMYK，单击"确定"按钮。

步骤❷ 选择"文件 > 置入"命令，弹出"置入"对话框，选择云盘中的"Ch07 > 素材 > 制作相机广告 > 01"文件，单击"置入"按钮，将图片置入到页面中，单击属性栏中的"嵌入"按钮，嵌入图片。选择"选择"工具 ▶，拖曳图片到适当的位置并调整其大小，效果如图 7-64 所示。

步骤❸ 选择"矩形"工具 ▣，绘制一个与页面大小相等的矩形，如图 7-65 所示。选择"选择"工具 ▶，按住 Shift 键的同时，将矩形和图片同时选取，按 Ctrl+7 组合键，建立剪切蒙版，效果如图 7-66 所示。

图 7-64   图 7-65   图 7-66

步骤④ 选择"文件 > 置入"命令，弹出"置入"对话框，选择云盘中的"Ch07 > 素材 > 制作相机广告 > 02"文件，单击"置入"按钮，将图片置入到页面中，单击属性栏中的"嵌入"按钮，嵌入图片。选择"选择"工具 ![箭头]，拖曳图片到适当的位置并调整其大小，效果如图 7-67 所示。

图 7-67

2. 制作产品标志

步骤① 选择"文字"工具 T，在页面中输入需要的文字，选择"选择"工具 ![箭头]，在属性栏中选择合适的字体并设置文字大小，效果如图 7-68 所示。

步骤② 选择"文字"工具 T，选取英文"B"，设置文字填充色的 C、M、Y、K 值分别为 0、100、100、0，填充文字，效果如图 7-69 所示。

图 7-68 　　　　　　　　　　图 7-69

步骤③ 选择"文字"工具 T，在页面中输入需要的文字，选择"选择"工具 ![箭头]，在属性栏中选择合适的字体并设置文字大小，效果如图 7-70 所示。

步骤④ 选择"倾斜"工具 ![倾斜]，向右拖曳文字到适当位置，将文字倾斜，效果如图 7-71 所示。

图 7-70 　　　　　　　　　　图 7-71

3. 添加产品广告语

步骤① 选择"文字"工具 T，在页面中输入需要的文字，选择"选择"工具 ![箭头]，在属性栏中选择合适的字体并设置文字大小，效果如图 7-72 所示。按 Ctrl+T 组合键，弹出"字符"控制面板，选项的设置如图 7-73 所示，按 Enter 键确认操作，效果如图 7-74 所示。填充文字为白色，拖曳文字到适当的位置，效果如图 7-75 所示。

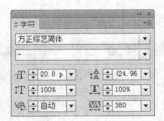

图 7-72 　　　　　　　　　　图 7-73

图 7-74　　　　　　　　　　　　　　　　　图 7-75

步骤② 选择"文字"工具 T，在页面中输入需要的文字，选择"选择"工具 ▶，在属性栏中选择合适的字体并设置文字大小，填充文字为白色，效果如图 7-76 所示。选取需要的文字，在属性栏中设置文字大小，效果如图 7-77 所示。用相同的方法输入其他文字，效果如图 7-78 所示。

图 7-76　　　　　　图 7-77　　　　　　　　图 7-78

4. 添加装饰元素

步骤① 选择"矩形"工具 ▣，在页面中绘制一个矩形，如图 7-79 所示。双击"渐变"工具 ▣，弹出"渐变"控制面板，在色带上设置 3 个渐变滑块，分别将渐变滑块的位置设为 0、32、100，并设置 C、M、Y、K 的值分别为 0（20、30、90、0）、32（0、0、35、0）、100（20、30、90、0），其他选项的设置如图 7-80 所示，图形被填充渐变色，并设置描边色为无，效果如图 7-81 所示。

图 7-79　　　　　　　图 7-80　　　　　　　图 7-81

步骤② 选择"文字"工具 T，在页面中输入需要的文字，选择"选择"工具 ▶，在属性栏中选择合适的字体并设置文字大小，效果如图 7-82 所示。

步骤③ 选择"矩形"工具 ▣，在页面中绘制一个矩形，如图 7-83 所示。填充图形为黑色，并设置描边色为无，效果如图 7-84 所示。

图 7-82　　　　　　　图 7-83　　　　　　　图 7-84

步骤④ 选择"文字"工具 T，在页面中输入需要的文字，选择"选择"工具 ，在属性栏中选择合适的字体并设置文字大小，效果如图 7-85 所示。选择"对象 > 扩展"命令，弹出"扩展"对话框，选项的设置如图 7-86 所示，单击"确定"按钮，效果如图 7-87 所示。

图 7-85　　　　　　　图 7-86　　　　　　　图 7-87

步骤⑤ 填充与上方图形相同的渐变色。在工具箱下方选择"描边"按钮，在"渐变"控制面板中的色带上设置 3 个渐变滑块，分别将渐变滑块的位置设为 0、48、100，并设置 C、M、Y、K 的值分别为 0（0、0、0、45）、48（0、0、0、0）、100（0、0、0、58），其他选项的设置如图 7-88 所示，描边被填充渐变色，效果如图 7-89 所示。选择"选择"工具 ，拖曳文字到适当的位置，效果如图 7-90 所示。

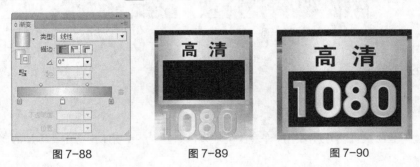

图 7-88　　　　　　　图 7-89　　　　　　　图 7-90

步骤⑥ 选择"矩形"工具 ，在页面中绘制一个矩形，效果如图 7-91 所示。设置图形填充色的 C、M、Y、K 值分别为 0、100、100、0，填充图形，并设置描边色为无，效果如图 7-92 所示。

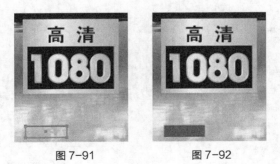

图 7-91　　　　　　　图 7-92

步骤⑦ 选择"文字"工具 T，在适当的位置输入需要的文字，选择"选择"工具 ，在属性栏中选择合适的字体并设置文字大小，效果如图 7-93 所示。向右拖曳文字使其变宽，效果如图 7-94 所示。将文字拖曳到适当的位置，填充文字为白色，效果如图 7-95 所示。

图 7-93

图 7-94

图 7-95

步骤 ⑧ 选择"文字"工具 T，在页面中输入需要的文字，选择"选择"工具 ，在属性栏中选择合适的字体并设置文字大小，效果如图 7-96 所示。

步骤 ⑨ 选择"文件 > 置入"命令，弹出"置入"对话框，分别选择云盘中的"Ch07 > 素材 > 制作相机广告 > 03、04"文件，单击"置入"按钮，分别将图片置入到页面中，单击属性栏中的"嵌入"按钮，嵌入图片。选择"选择"工具 ，调整图片大小并拖曳到适当的位置，效果如图 7-97 所示。

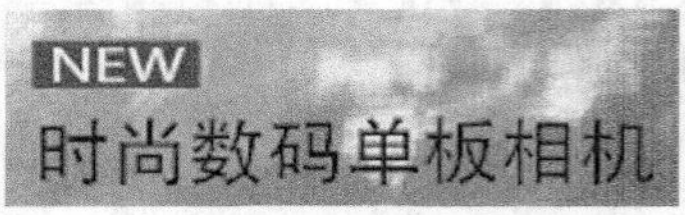

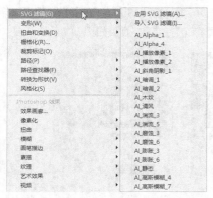
图 7-96

图 7-97

7.2.4 【相关工具】

1. "SVG 滤镜"效果

"SVG 滤镜"效果组可以为对象添加许多滤镜效果，如图 7-98 所示。选中要添加滤镜效果的对象，如图 7-99 所示。

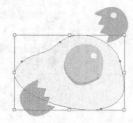

图 7-98

图 7-99

可以直接在"SVG 滤镜"菜单下选择滤镜命令，还可以选择"SVG 滤镜 > 应用 SVG 滤镜"命令，弹出"应用 SVG 滤镜"对话框，在对话框中设置要添加的滤镜命令，如图 7-100 所示。添加不同的滤镜将产生不同的效果，如图 7-101 所示。

图 7-100

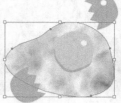

图 7-101

2. "变形"效果

"变形"效果组使对象扭曲或变形,可作用的对象有路径、文本、网格、混合和栅格图像,如图 7-102 所示。

图 7-102

"变形"效果组组中的效果如图 7-103 所示。

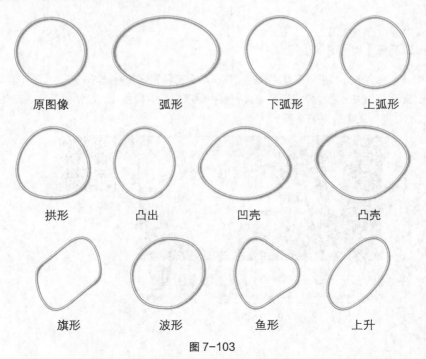

图 7-103

鱼眼　　　　　　膨胀　　　　　　挤压　　　　　　扭转

图 7-103（续）

3. "栅格化"效果

"栅格化"效果是用来生成像素（非矢量数据）的效果，可以将矢量图像转化为像素图像，"栅格化"面板如图 7-104 所示。

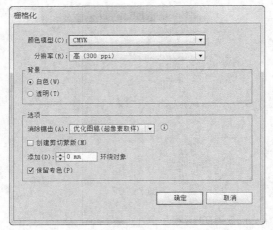

图 7-104

7.2.5 【实战演练】制作汽车广告

使用椭圆工具、文字工具、星形工具、倾斜工具、渐变工具和路径查找器控制面板制作汽车标志；使用文字工具添加标题文字及相关信息；使用矩形工具和剪切蒙版命令编辑图片。最终效果参看云盘中的"Ch07 > 效果 > 制作汽车广告"，如图 7-105 所示。

微课：制作
汽车广告

图 7-105

7.3 综合演练——制作化妆品广告

7.3.1 【案例分析】

化妆品已经不再是女人们的必备品，对于很多男士来说，化妆品也是他们的日常必需品，它能够保护我们的皮肤，为皮肤补水、修复。设计要求体现品牌特色和功能，吸引人们的目光，具有宣传效应。

7.3.2 【设计理念】

在设计过程中，使用湖蓝色的背景，营造出浪漫、清爽的氛围；水珠效果让整个画面更加清爽自然，在丰富画面的同时，展现出宣传的主体功能；位于下方的宣传文字醒目突出，在绿叶的衬托下让人一目了然，宣传性强；整个广告设计简洁大气，色彩搭配和谐，展现了品牌的特色。

7.3.3 【知识要点】

使用置入命令制作背景效果；使用文字工具和字符控制面板添加宣传文字。最终效果参看云盘中的"Ch07 > 效果 > 制作化妆品广告"，如图 7-106 所示。

微课：制作化　　微课：制作化
妆品广告 1　　妆品广告 2

图 7-106

7.4 综合演练——制作家居广告

7.4.1 【案例分析】

随着人们生活水平的提高，人们对家居设计有了越来越多的关注。家居设计可以直接营造一种视觉氛围，带领人们进入时尚、品质、个性的家居生活。本案例要求为某商场制作家居广告，要求体现出家居典雅的设计，出众的品质。

7.4.2 【设计理念】

在设计过程中，采用淡黄色的背景，让整个设计显得格外温暖，醒目的且有特色标题突出了主题思想。设计采用法式风格，法式风格的建筑点缀在自然中，让人感到有很大的活动空间。一张柔软漂亮的大床让人感到格外放松，给人心灵上的回归感和浪漫、温馨的气息，有创意的花边装饰，给画面添加很多的乐趣。整体上营造出一种田园之气，体现了典雅的设计，出众的品质。

7.4.3 【知识要点】

使用矩形工具、置入命令和创建剪切蒙版命令制作宣传图片；使用文字工具、创建轮廓命令和渐变工具制作宣传语；使用钢笔工具和文字工具添加路径文字。最终效果参看云盘中的"Ch07 > 效果 > 制作家居广告"，如图 7-107 所示。

微课：制作
家居广告

图 7-107

第8章　宣传册设计

宣传册又称为企业的大名片，是企业的自荐书。它可以起到有效宣传企业或产品的作用，能够提高企业的品牌形象、产品的知名度和市场的忠诚度，有利于企业的融资和扩张。本章以企业宣传册设计为例，讲解宣传册的设计方法和制作技巧。

课堂学习目标

- 掌握宣传册的设计思路和过程
- 掌握制作宣传册的相关工具

- 掌握宣传册的制作方法和技巧

8.1　制作家具宣传册封面

8.1.1 【案例分析】

本案例是为家具公司设计制作的宣传册封面。要求设计清新明快、简洁直观，有时代气息，能体现出公司时尚的经营理念和专业的服务精神。

8.1.2 【设计理念】

在设计过程中，宣传册的背景使用浅棕色，大量的留白使画面的视觉更加集中，并且体现了简洁大气的设计风格；将家具、广告语以及品牌名称以矩形的形式合理的排列在一起，不但突出主题，还集中了人们的视线，展现了品牌的用心。最终效果参看云盘中的"Ch08 > 效果 > 制作家具宣传册封面"，如图8-1所示。

微课：制作
家具宣传
册封面

图8-1

8.1.3 【操作步骤】

1. 制作封面

步骤① 按 Ctrl+N 组合键，新建一个文档，宽度为 420mm，高度为 285mm，取向为横向，颜色模式为 CMYK，单击"确定"按钮。

步骤② 按 Ctrl+R 组合键，显示标尺，在页面中拖曳一条垂直参考线。选择"窗口 > 变换"命令，弹出"变换"控制面板，将"X"轴选项设为 210mm，如图 8-2 所示。按 Enter 键确认操作，效果如图 8-3 所示。

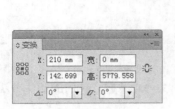

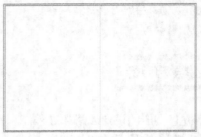

图 8-2 图 8-3

步骤③ 选择"矩形"工具，在页面中绘制一个矩形，效果如图 8-4 所示。设置图形填充色的 C、M、Y、K 值分别为 0、12、18、19，填充图形，并设置描边色为无，效果如图 8-5 所示。

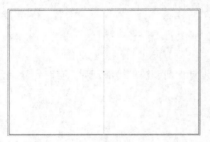

图 8-4 图 8-5

步骤④ 选择"文件 > 置入"命令，弹出"置入"对话框，选择云盘中的"Ch08 > 素材 > 制作家具宣传册封面 > 01"文件，单击"置入"按钮，将图片置入到页面中，单击属性栏中的"嵌入"按钮，嵌入图片。选择"选择"工具，拖曳图片到适当的位置，并调整其大小，效果如图 8-6 所示。

步骤⑤ 选择"窗口 > 透明度"命令，弹出"透明度"控制面板，选项的设置如图 8-7 所示，效果如图 8-8 所示。

图 8-6 图 8-7 图 8-8

步骤 ⑥ 选择"矩形"工具 ▣，在页面中单击鼠标，弹出"矩形"对话框，选项的设置如图 8-9 所示，单击"确定"按钮，得到一个矩形，如图 8-10 所示。选择"选择"工具 ▶，将其拖曳到适当的位置，设置图形填充色的 C、M、Y、K 值分别为 0、37、51、53，填充图形，并设置描边色为无，效果如图 8-11 所示。

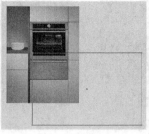

图 8-9   图 8-10   图 8-11

步骤 ⑦ 选择"选择"工具 ▶，按住 Shift 键的同时，将矩形和图片同时选取，如图 8-12 所示。选择"窗口 >对齐"命令，弹出"对齐"控制面板，单击"垂直顶对齐"按钮 ▯，如图 8-13 所示，对齐效果如图 8-14 所示。

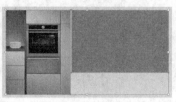

图 8-12   图 8-13   图 8-14

步骤 ⑧ 选择"矩形"工具 ▣，在页面中单击鼠标，弹出"矩形"对话框，选项的设置如图 8-15 所示，单击"确定"按钮，得到一个矩形，如图 8-16 所示。选择"选择"工具 ▶，将其拖曳到适当的位置，设置图形填充色的 C、M、Y、K 值分别为 0、60、100、0，填充图形，并设置描边色为无，效果如图 8-17 所示。

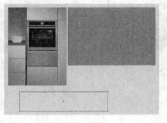

图 8-15   图 8-16   图 8-17

步骤 ⑨ 选择"选择"工具 ▶，按住 Shift 键的同时，将矩形和图片同时选取，如图 8-18 示。在"对齐"控制面板中单击"垂直底对齐"按钮 ▯，如图 8-19 所示，对齐效果如图 8-20 所示。

图 8-18   图 8-19   图 8-20

步骤 ⑩ 选择"文字"工具 T，在页面中输入需要的文字，选择"选择"工具 ↖，在属性栏中选择合适的字体并设置文字大小，填充文字为白色，效果如图 8-21 所示。用相同的方法输入其他文字，效果如图 8-22 所示。

图 8-21

图 8-22

步骤 ⑪ 选择"选择"工具 ↖，按住 Shift 键的同时，将需要的文字同时选取，如图 8-23 所示。在"对齐"控制面板中单击"垂直底对齐"按钮 ⬛，如图 8-24 所示，对齐效果如图 8-25 所示。

图 8-23

图 8-24

图 8-25

步骤 ⑫ 选择"文字"工具 T，在页面中输入需要的文字，选择"选择"工具 ↖，在属性栏中选择合适的字体并设置文字大小，效果如图 8-26 所示。填充文字为白色，效果如图 8-27 所示。

图 8-26

图 8-27

2. 制作标志

步骤 ① 选择"选择"工具 ↖，按住 Shift 键的同时，将需要的图形和文字同时选取，如图 8-28 所示。按住 Alt 键的同时，向上拖曳图形和文字到适当的位置，复制图形和文字，并调整其大小，效果如图 8-29 所示。选取复制的文字，填充文字为黑色，效果如图 8-30 所示。

图 8-28

图 8-29

图 8-30

步骤② 选择"文字"工具 T，在页面中输入需要的文字，选择"选择"工具 ⬉，在属性栏中选择合适的字体并设置文字大小，效果如图 8-31 所示。设置文字填充色的 C、M、Y、K 值分别为 0、0、0、90，填充文字，效果如图 8-32 所示。选择"文字 > 创建轮廓"命令，将文字转换为轮廓路径，效果如图 8-33 所示。

图 8-31

图 8-32

图 8-33

步骤③ 选择"选择"工具 ⬉，按住 Shift 键的同时，将矩形和文字同时选取，如图 8-34 所示。在"对齐"控制面板中单击"垂直居中对齐"按钮 ⬌，如图 8-35 所示，对齐效果如图 8-36 所示。

图 8-34

图 8-35

图 8-36

步骤④ 选择"文字"工具 T，在页面中输入需要的文字，选择"选择"工具 ⬉，在属性栏中选择合适的字体并设置文字大小，效果如图 8-37 所示。用相同的方法输入其他文字，效果如图 8-38 所示。

图 8-37

图 8-38

3. 制作封底

步骤① 按 Ctrl+O 组合键，打开云盘中的"Ch08 > 素材 > 制作家具宣传册封面 > 02"文件。按 Ctrl+A 组合键，全选图形。按 Ctrl+C 组合键，复制图形。返回到正在编辑的页面中，按 Ctrl+V 组合键，粘贴图形，并将其拖曳到适当的位置，效果如图 8-39 所示。

图 8-39

步骤② 选择"文字"工具 T，在页面中输入需要的文字，选择"选择"工具 ⬉，在属性栏中选择合适的字体并设置文字大小，效果如图 8-40 所示。选择需要的图形与文字，如图 8-41 所示，在"对齐"控制面板中单击"水平居中对齐"按钮 ⬒，如图 8-42 所示，对齐效果如图 8-43 所示。

斯思派家居集团有限公司
图 8-40

斯思派家居集团有限公司
图 8-41

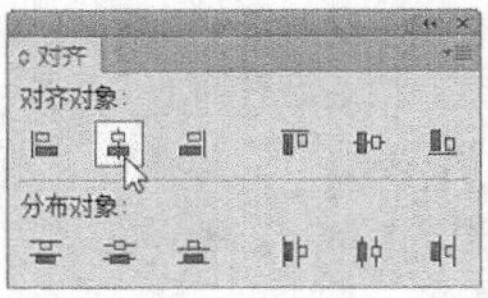

图 8-42

斯思派家居集团有限公司
图 8-43

步骤③ 选择"文字"工具 T，在页面中输入需要的文字，选择"选择"工具 ，在属性栏中选择合适的字体并设置文字大小，效果如图 8-44 所示。将输入的文字同时选取，如图 8-45 所示。在"对齐"控制面板中单击"水平左对齐"按钮 ，如图 8-46 所示，对齐效果如图 8-47 所示。用相同的方法输入其他文字，效果如图 8-48 所示。

图 8-44　　　　　　　　　　图 8-45

图 8-46

图 8-47

图 8-48

步骤④ 选择"文字"工具 T，在页面中输入需要的文字，选择"选择"工具 ，在属性栏中选择合适的字体并设置文字大小，效果如图 8-49 所示。用相同的方法输入其他文字，效果如图 8-50 所示。

图 8-49

图 8-50

步骤⑤ 选择"选择"工具 ，选取需要的文字，如图 8-51 所示。在"对齐"控制面板中单击"垂直居中对齐"按钮 ，如图 8-52 所示，对齐效果如图 8-53 所示。

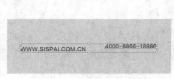

图 8-51

图 8-52

图 8-53

步骤⑥ 按 Ctrl+O 组合键，打开云盘中的"Ch08 > 素材 > 制作家具宣传册封面 > 03"文件。按 Ctrl+A 组合键，全选图形。按 Ctrl+C 组合键，复制图形。返回到正在编辑的页面中，按 Ctrl+V 组合键，粘贴图形。并分别拖曳到适当的位置，效果如图 8-54 所示。

步骤⑦ 选择"选择"工具 ，选择需要的图形与文字，在"对齐"控制面板中单击"垂直底对齐"按钮 ，如图 8-55 所示，对齐效果如图 8-56 所示。用相同的方法对齐其他图形与文字，效果如图 8-57 所示。家具宣传册封面制作完成，效果如图 8-58 所示。

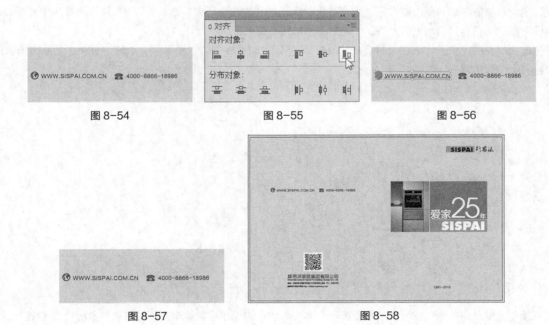

图 8-54　　　　图 8-55　　　　图 8-56

图 8-57　　　　　　　　图 8-58

8.1.4 【相关工具】

1. 对齐对象

应用"对齐"控制面板可以快速有效地对齐多个对象。选择"窗口 > 对齐"命令，弹出"对齐"控制面板，如图 8-59 所示。"对齐"控制面板中的"对齐对象"选项组中包括 6 种对齐命令按钮："水平左对齐"按钮、"水平居中对齐"按钮、"水平右对齐"按钮、"垂直顶对齐"按钮、"垂直居中对齐"按钮和"垂直底对齐"按钮。

◎ **水平左对齐**

以最左边对象的左边边线为基准线，选取全部对象的左边缘和这条线对齐（最左边对象的位置不变）。

选取要对齐的对象，如图 8-60 所示。单击"对齐"控制面板中的"水平左对齐"按钮，所有选取的对象都将向左对齐，如图 8-61 所示。

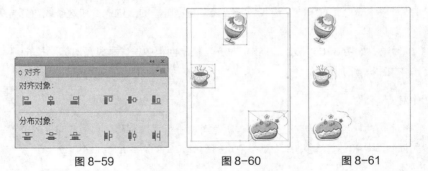

图 8-59　　　　图 8-60　　　　图 8-61

◎ **水平居中对齐**

以选定对象的中点为基准点对齐，所有对象在垂直方向的位置保持不变（多个对象进行水平居中对齐时，以中间对象的中点为基准点进行对齐，中间对象的位置不变）。

选取要对齐的对象，如图 8-62 所示。单击"对齐"控制面板中的"水平居中对齐"按钮，所有选取的对象都将水平居中对齐，如图 8-63 所示。

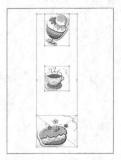

图 8-62　　　　　　　图 8-63

◎ **水平右对齐**

以最右边对象的右边边线为基准线，选取全部对象的右边缘和这条线对齐（最右边对象的位置不变）。

选取要对齐的对象，如图 8-64 所示。单击"对齐"控制面板中的"水平右对齐"按钮，所有选取的对象都将水平向右对齐，如图 8-65 所示。

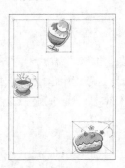

图 8-64　　　　　　　图 8-65

◎ **垂直顶对齐**

以多个要对齐对象中最上面对象的上边线为基准线，选定对象的上边线都和这条线对齐（最上面对象的位置不变）。

选取要对齐的对象，如图 8-66 所示。单击"对齐"控制面板中的"垂直顶对齐"按钮，所有选取的对象都将向上对齐，如图 8-67 所示。

◎ **垂直居中对齐**

以多个要对齐对象的中点为基准点进行对齐，所有对象进行垂直移动，水平方向上的位置不变（多个对象进行垂直居中对齐时，以中间对象的中点为基准点进行对齐，中间对象的位置不变）。

选取要对齐的对象，如图 8-68 所示。单击"对齐"控制面板中的"垂直居中对齐"按钮 ，所有选取的对象都将垂直居中对齐，如图 8-69 所示。

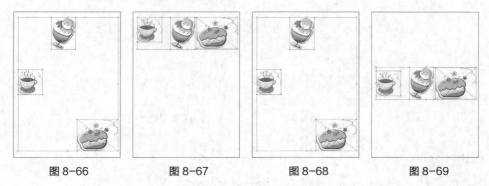

图 8-66　　　　　　　图 8-67　　　　　　　图 8-68　　　　　　　图 8-69

◎ **垂直底对齐**

以多个要对齐对象中最下面对象的下边线为基准线，选定对象的下边线都和这条线对齐（最下面对象的位置不变）。

选取要对齐的对象，如图 8-70 所示。单击"对齐"控制面板中的"垂直底对齐"按钮 ，所有选取的对象都将垂直向底对齐，如图 8-71 所示。

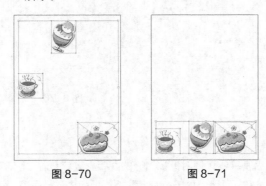

图 8-70　　　　　　　图 8-71

2. 分布对象

单击"对齐"控制面板右上方的 图标，在弹出的菜单中选择"显示选项"命令，弹出"分布间距"选项组，如图 8-72 所示。"对齐"控制面板中的"分布对象"选项组包括 6 种分布命令按钮："垂直顶分布"按钮 、"垂直居中分布"按钮 、"垂直底分布"按钮 、"水平左分布"按钮 、"水平居中分布"按钮 和"水平右分布"按钮 。

图 8-72

◎ **垂直顶分布**

以每个选取对象的上边线为基准线，使对象按相等的间距垂直分布。

选取要分布的对象，如图 8-73 所示。单击"对齐"控制面板中的"垂直顶分布"按钮 ，所有选取的对象将按各自的上边线等距离垂直分布，如图 8-74 所示。

图 8-73　　　　　　　　　图 8-74

◎　**垂直居中分布**

以每个选取对象的中线为基准线，使对象按相等的间距垂直分布。

选取要分布的对象，如图 8-75 所示。单击"对齐"控制面板中的"垂直居中分布"按钮，所有选取的对象将按各自的中线等距离垂直分布，如图 8-76 所示。

图 8-75　　　　　　　　　图 8-76

◎　**垂直底分布**

以每个选取对象的下边线为基准线，使对象按相等的间距垂直分布。

选取要分布的对象，如图 8-77 所示。单击"对齐"控制面板中的"垂直底分布"按钮，所有选取的对象将按各自的下边线等距离垂直分布，如图 8-78 所示。

图 8-77　　　　　　　　　图 8-78

◎　**水平左分布**

以每个选取对象的左边线为基准线，使对象按相等的间距水平分布。

选取要分布的对象，如图 8-79 所示。单击"对齐"控制面板中的"水平左分布"按钮，所有选取的对象将按各自的左边线等距离水平分布，如图 8-80 所示。

图 8-79 图 8-80

◎ **水平居中分布**

以每个选取对象的中线为基准线，使对象按相等的间距水平分布。

选取要分布的对象，如图 8-81 所示。单击"对齐"控制面板中的"水平居中分布"按钮，所有选取的对象将按各自的中线等距离水平分布，如图 8-82 所示。

图 8-81 图 8-82

◎ **水平右分布**

以每个选取对象的右边线为基准线，使对象按相等的间距水平分布。

选取要分布的对象，如图 8-83 所示。单击"对齐"控制面板中的"水平右分布"按钮，所有选取的对象将按各自的右边线等距离水平分布，如图 8-84 所示。

图 8-83 图 8-84

◎ **垂直分布间距**

要精确指定对象间的距离，需选择"对齐"控制面板中的"分布间距"选项组，其中包括"垂直分布间距"按钮 和"水平分布间距"按钮 。

在"对齐"控制面板右下方的数值框中将距离数值设为 10mm，如图 8-85 所示。

选取要分布的对象，如图 8-86 所示。再单击被选取对象中的任意一个对象，该对象将作为其他对象进行分布时的参照，如图 8-87 所示，图例中单击左下方草丛图像作为参照对象。

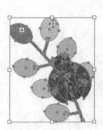

图 8-85   图 8-86   图 8-87

单击"对齐"控制面板中的"垂直分布间距"按钮 ，如图 8-88 所示。所有被选取的对象将以草丛图像作为参照按设置的数值等距离垂直分布，效果如图 8-89 所示。

图 8-88   图 8-89

◎ **水平分布间距**

在"对齐"控制面板右下方的数值框中将距离数值设为 3mm，如图 8-90 所示。

选取要分布的对象，如图 8-91 所示。再单击被选取对象中的任意一个对象，该对象将作为其他对象进行分布时的参照。如图 8-92 所示，图例中单击中间房屋图像作为参照对象。

图 8-90   图 8-91   图 8-92

单击"对齐"控制面板中的"水平分布间距"按钮，如图 8-93 所示。所有被选取的对象将以房屋图像作为参照按设置的数值等距离水平分布，效果如图 8-94 所示。

图 8-93　　　　　　　　　　　图 8-94

3. 用网格对齐对象

选择"视图 > 显示网格"命令（组合键为 Ctrl + "），页面上显示出网格，如图 8-95 所示。

用鼠标单击中间的帽子图像并按住鼠标向右拖曳，使帽子图像的左边线和上方面包图像的左边线垂直对齐，如图 8-96 所示。用鼠标单击下方的日历图像并按住鼠标向左拖曳，使日历图像的左边线和上方帽子图像的左边线垂直对齐，如图 8-97 所示。全部对齐后的对象如图 8-98 所示。

图 8-95　　　　　　图 8-96　　　　　　图 8-97　　　　　　图 8-98

4. 用辅助线对齐对象

选择"视图 > 标尺 > 显示标尺"命令（组合键为 Ctrl+R），如图 8-99 所示。页面上显示出标尺，效果如图 8-100 所示。

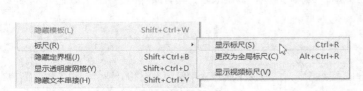

图 8-99　　　　　　　　　　　图 8-100

选择"选择"工具 ![img] ，单击页面左侧的标尺，按住鼠标左键不放并向右拖曳，拖曳出一条垂直的辅助线，将辅助线放在要对齐对象的左边线上，如图 8-101 所示。

用鼠标左键单击小鸟图像并按住鼠标左键不放向左拖曳，使小鸟图像的左边线和松树图像的左边线垂直对齐，如图 8-102 所示。释放鼠标，对齐后的效果如图 8-103 所示。

图 8-101

图 8-102

图 8-103

8.1.5 【实战演练】制作家具宣传册内页 1

使用矩形工具、置入命令制作宣传册底图；使用置入命令置入木纹素材图片；使用文字工具添加标题文字及相关信息。最终效果参看云盘中的"Ch08 > 效果 > 制作家具宣传册内页 1"，如图 8-104 所示。

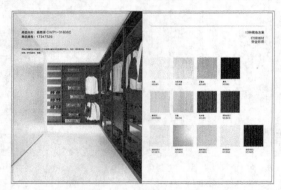

微课：制作
家具宣传
册内页 1

图 8-104

8.2 制作家具宣传册内页 2

8.2.1 【案例分析】

本案例是为某公司设计的家具宣传册内页。要求页面简洁大方，具有品牌特色且符合人们的审美观点，以达到宣传的目的与要求。

8.2.2 【设计理念】

在设计过程中，画册使用左右分成两个格局，左边使用灰色背景使画面温和舒适、沉稳大气，简单有力的柱形图展示了企业的发展指标；左边使用独特新颖的布局方式展现了形式多样的各种家具，色调统一，简单大方，凸显了品牌特色。最终效果参看云盘中的"Ch08 > 效果 > 制作家具宣传册内页 2"，如图 8-105 所示。

图 8-105

8.2.3 【操作步骤】

1. 制作内页左侧

步骤① 按 Ctrl+N 组合键，新建一个文档，宽度为 420mm，高度为 285mm，取向为横向，颜色模式为 CMYK，单击"确定"按钮。

步骤② 按 Ctrl+R 组合键，显示标尺，在页面中拖曳一条垂直参考线。选择"窗口 > 变换"命令，弹出"变换"控制面板，将"X"轴选项设为 210mm，如图 8-106 所示。按 Enter 键确认操作，效果如图 8-107 所示。

微课：制作家
具宣传册内
页 21

图 8-106

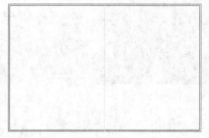

图 8-107

步骤③ 选择"矩形"工具 ▣，在页面中绘制一个矩形，如图 8-108 所示。设置图形填充色的 C、M、Y、K 值分别为 0、0、0、20，填充图形，并设置描边色为无，效果如图 8-109 所示。

图 8-108

图 8-109

步骤④ 选择"文件 > 置入"命令，弹出"置入"对话框，选择云盘中的"Ch08 > 素材 > 制作家具宣传册内页 2 > 01" 文件，单击"置入"按钮，将图片置入到页面中，单击属性栏中的"嵌入"按钮，嵌入图片。选择"选择"工具 ，拖曳图片到适当的位置并调整其大小，效果如图 8-110 所示。

步骤⑤ 选择"矩形"工具 ▣，在页面中绘制一个矩形，如图 8-111 所示。双击"渐变"工具 ▣，弹出"渐变"控制面板，在色带上设置 2 个渐变滑块，分别将渐变滑块的位置设为 43、100，并设置 C、M、Y、K 的值分别为 43（0、0、0、0）、100（0、0、0、100），其他选项的设置如图 8-112 所示，图形被填充为渐变色，并设置描边色为无，效果如图 8-113 所示。

图 8-110

图 8-111

图 8-112

图 8-113

步骤⑥ 选择"选择"工具 ，按住 Shift 键的同时，将图片与矩形同时选取，如图 8-114 所示。选择"窗口 > 透明度"命令，弹出"透明度"控制面板，选项的设置如图 8-115 所示。单击"制作蒙版"按钮，效果如图 8-116 所示。

图 8-114

图 8-115

图 8-116

步骤⑦ 选择"文字"工具 T，选择"选择"工具 ，在页面中输入需要的文字，在属性栏中选择合适的字体并设置文字大小，效果如图 8-117 所示。用相同的方法输入其他文字，效果如图 8-118 所示。

图 8-117

图 8-118

步骤⑧ 选择"选择"工具 ，选择需要的文字，如图 8-119 所示，按 Ctrl+T 组合键，弹出"字符"控制面板，选项的设置如图 8-120 所示，按 Enter 键确认操作，效果如图 8-121 所示。

图 8-119　　　　　　　　　　　　　　图 8-120　　　　　　　　　　　　　　图 8-121

步骤 ⑨ 选择"柱形图"工具 ，在页面中单击，弹出"图表"对话框，选项的设置如图 8-122 所示。单击"确定"按钮，弹出"图表数据"对话框，在对话框中输入需要的文字，如图 8-123 所示，输入完成后，关闭"图表数据"对话框，建立柱形图表，效果如图 8-124 所示。

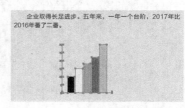

图 8-122　　　　　　　　　　　　　图 8-123　　　　　　　　　　　　　图 8-124

步骤 ⑩ 双击"柱形图"工具 ，弹出"图表类型"对话框，选项的设置如图 8-125 所示。单击"确定"按钮，效果如图 8-126 所示。

图 8-125　　　　　　　　　　　　　　　　　图 8-126

步骤 ⑪ 选择"对象 > 取消编组"命令，取消图形编组，如图 8-127 所示。选择"选择"工具 ，选择柱形条，选择"对象 > 取消编组"命令，取消图形编组，如图 8-128 所示。分别选择第一个和最后一个柱形条拖曳到适当的位置，并按住 Shift 键的同时，将所有柱形条同时选取，效果如图 8-129 所示。

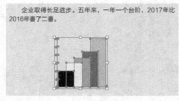

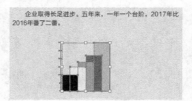

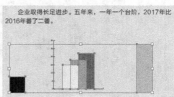

图 8-127　　　　　　　　　　　图 8-128　　　　　　　　　　　图 8-129

步骤⑫ 选择"窗口 > 对齐"命令，弹出"对齐"控制面板，单击"水平左分布"按钮，如图 8-130 所示，对齐效果如图 8-131 所示；单击"垂直底对齐"按钮，如图 8-132 所示，对齐效果如图 8-133 所示。

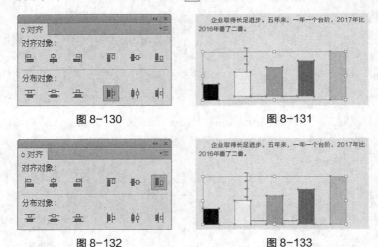

图 8-130　　　　　　　　　　图 8-131

图 8-132　　　　　　　　　　图 8-133

步骤⑬ 选择"选择"工具，选择"柱形图"中的坐标，如图 8-134 所示。按 Delete 键将其删除，效果如图 8-135 所示。

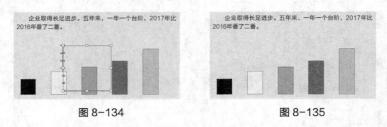

图 8-134　　　　　　　　　　图 8-135

步骤⑭ 选择"选择"工具，选择需要的柱形条，如图 8-136 所示。设置图形填充色的 C、M、Y、K 值分别为 0、0、0、40，填充图形，并设置描边色为无，效果如图 8-137 所示。用相同的方法设置其他图形，效果如图 8-138 所示。

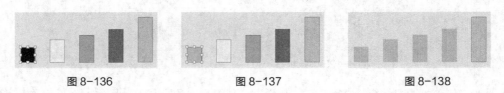

图 8-136　　　　　　图 8-137　　　　　　图 8-138

步骤⑮ 选择"选择"工具，选择需要的柱形条，如图 8-139 所示。设置图形填充色的 C、M、Y、K 值分别为 51、7、96、0，填充图形，并设置描边色为无，效果如图 8-140 所示。

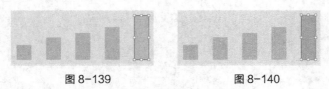

图 8-139　　　　　　　　　图 8-140

步骤⑯ 按住 Shift 键的同时，将所有的柱形条同时选取，如图 8-141 所示。按 Ctrl+C 组合键，复制图形。按 Ctrl+F 组合键，将复制的图形原位粘贴，并调整其高度，效果如图 8-142 所示。

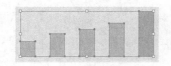
图 8-141

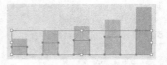
图 8-142

步骤 ⑰ 选择"倾斜"工具 ,按住 Alt 键的同时,在倾斜图形的左下角单击,弹出"倾斜"对话框,选项的设置如图 8-143 所示。单击"确定"按钮,效果如图 8-144 所示。选择"选择"工具 ,设置图形填充色的 C、M、Y、K 值分别为 0、0、0、60,填充图形,效果如图 8-145 所示。

图 8-143

图 8-144

图 8-145

步骤 ⑱ 选择"对象 > 排列 > 置于底层"命令,将图形置于底层,效果如图 8-146 所示。重复选择两次"对象 > 排列 > 前移一层"命令,将图形前移两层,效果如图 8-147 所示。

图 8-146

图 8-147

步骤 ⑲ 选择"文字"工具 ,在页面中输入需要的文字,选择"选择"工具 ,在属性栏中选择合适的字体并设置文字大小,效果如图 8-148 所示。用相同的方法输入其他文字,效果如图 8-149 所示。

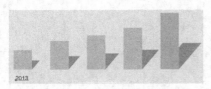
图 8-148

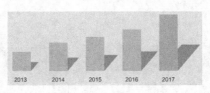
图 8-149

2. 制作内页右侧

步骤 ① 选择"矩形"工具 ,在页面中单击鼠标,弹出"矩形"对话框,选项的设置如图 8-150 所示,单击"确定"按钮,得到一个矩形。选择"选择"工具 ,将其拖曳到适当的位置,效果如图 8-151 所示。按住 Alt+Shift 组合键的同时,水平向右拖曳矩形到适当的为位置,复制矩形。向右拖曳右侧中间的控制手柄到适当的位置,调整其大小,效果如图 8-152 所示。

微课:制作家
具宣传册内
页22

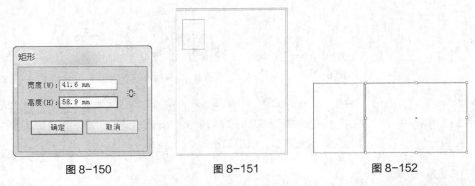

图 8-150   图 8-151   图 8-152

步骤② 选择"矩形"工具 ▦，在页面中单击鼠标，弹出"矩形"对话框，在对话框中进行设置，如图 8-153 所示，单击"确定"按钮，得到一个矩形。选择"选择"工具 ▶，将其拖曳到适当的位置，效果如图 8-154 所示。按住 Alt+Shift 组合键的同时，水平向右拖曳矩形到适当的为位置，复制矩形。向左拖曳右侧中间的控制手柄到适当的位置，调整其大小，效果如图 8-155 所示。

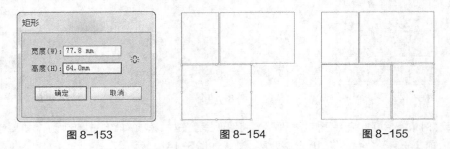

图 8-153   图 8-154   图 8-155

步骤③ 选择"选择"工具 ▶，按住 Shift 键的同时，将所绘制的矩形同时选取，如图 8-156 所示。按住 Alt+Shift 组合键的同时，垂直向下拖曳图形到适当的位置，复制图形，效果如图 8-157 所示。

步骤④ 选择"矩形"工具 ▦，在页面中单击鼠标，弹出"矩形"对话框，选项的设置如图 8-158 所示，单击"确定"按钮，得到一个矩形。选择"选择"工具 ▶，将其拖曳到适当的位置，效果如图 8-159 所示。按住 Alt+Shift 组合键的同时，垂直向下拖曳矩形到适当的为位置，复制矩形。向上拖曳下边中间的控制手柄到适当的位置，调整其大小，效果如图 8-160 所示。

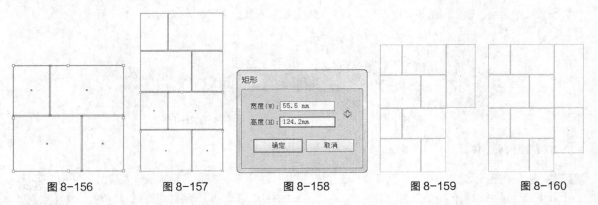

图 8-156   图 8-157   图 8-158   图 8-159   图 8-160

步骤⑤ 选择"矩形"工具 ▦，在页面中单击鼠标，弹出"矩形"对话框，选项的设置如图 8-161 所示，单击"确定"按钮，得到一个矩形。选择"选择"工具 ▶，将其拖曳到适当的位置，效果如图 8-162 所示。按住 Alt+Shift 组合键的同时，水平向右拖曳矩形到适当的为位置，复制矩形，效果如图 8-163 所示。

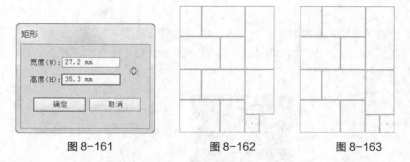

图 8-161   图 8-162   图 8-163

步骤⑥ 选择"文件 > 置入"命令,弹出"置入"对话框,选择云盘中的"Ch08 > 素材 > 制作家具宣传册内页 2 > 02"文件,单击"置入"按钮,将图片置入到页面中,单击属性栏中的"嵌入"按钮,嵌入图片。选择"选择"工具 ,拖曳图片到适当的位置并调整其大小,效果如图 8-164 所示。

步骤⑦ 选择"选择"工具 ,选择"对象 > 排列 > 置于底层"命令,将图片置于底层,如图 8-165 所示。按住 Shift 键的同时,将矩形和图片同时选取,如图 8-166 所示。按 Ctrl+7 组合键,建立剪切蒙版,效果如图 8-167 所示。使用相同方法置入其他图片并做剪切蒙版效果,如图 8-168 所示。家具宣传册内页 2 制作完成,效果如图 8-169 所示。

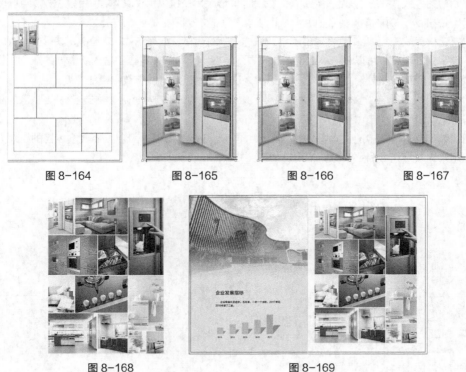

图 8-164   图 8-165   图 8-166   图 8-167

图 8-168   图 8-169

8.2.4 【相关工具】

1. 柱形图

柱形图是较为常用的一种图表类型,它使用一些竖排的、高度可变的矩形柱来表示各种数据,矩形的高度与数据大小成正比,创建柱形图的具体步骤如下。

选择"柱形图"工具 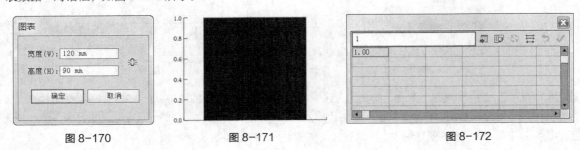，在页面中拖曳鼠标绘出一个矩形区域来设置图表大小，或在页面上任意位置单击鼠标，将弹出"图表"对话框，如图 8-170 所示。在"宽度"选项和"高度"选项的数值框中输入图表的宽度和高度数值，设定完成后，单击"确定"按钮，将自动在页面中建立图表，如图 8-171 所示，同时弹出"图表数据"对话框，如图 8-172 所示。

图 8-170   图 8-171   图 8-172

在"图表数据"对话框右上方有一组按钮。单击"导入数据"按钮，可以从外部文件中输入数据信息。单击"换位行/列"按钮，可将横排和竖排的数据相互交换位置。单击"切换 X/Y"按钮，将调换 x 轴和 y 轴的位置（注：只在画散点图表时可以使用）。单击"单元格样式"按钮，弹出"单元格样式"对话框，可以设置单元格的样式。单击"恢复"按钮，在没有单击应用按钮以前使文本框中的数据恢复到前一个状态。单击"应用"按钮，确认输入的数值并生成图表。

单击"单元格样式"按钮，将弹出"单元格样式"对话框，如图 8-173 所示。该对话框可以设置小数点的位置和数字栏的宽度，可以在"小数位数"和"列宽度"选项的文本框中输入所需要的数值。另外，将鼠标指针放置在各单元格相交处时，将会变成形状，这时拖曳鼠标可调整数字栏的宽度。

双击"柱形图"工具 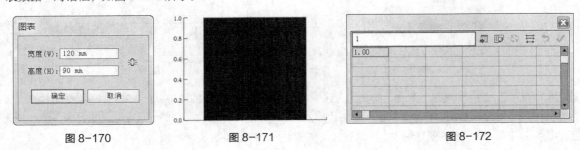，将弹出"图表类型"对话框，如图 8-174 所示。柱形图表是默认的图表，其他参数也是采用默认设置，单击"确定"按钮。

在"图表数据"对话框中的文本表格的第 1 格中单击，删除默认数值 1。按照文本表格的组织方式输入数据。例如，用来比较 3 组 3 科平均分数情况，如图 8-175 所示。

图 8-173   图 8-174   图 8-175

单击"应用"按钮，生成图表，所输入的数据被应用到图表上，柱形图效果如图 8-176 所示。从图中可以看到，柱形图是对每一行中的数据进行比较。

在"图表数据"对话框中单击"换位行/列"按钮，互换行、列数据得到新的柱形图，效果如图 8-177 所示。在"图表数据"对话框中单击"关闭"按钮将对话框关闭。

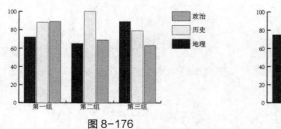

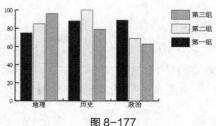

图 8-176   图 8-177

当需要对柱形图中的数据进行修改时，先选中要修改的图表，再选择"对象 > 图表 > 数据"命令，弹出"图表数据"对话框。在对话框中可以修改数据，修改完成后，单击"应用"按钮 ✓ ，修改后的数据将被应用到选定的图表中。

选中图表，用鼠标右键单击页面，在弹出的菜单中选择"类型"命令，弹出"图表类型"对话框，可以在对话框中选择其他的图表类型。

2. 制表符

选择"选择"工具 ，选取需要的文本框，如图 8-178 所示。选择"窗口 > 文字 > 制表符"命令，或按 Ctrl+Shift+T 组合键，弹出"制表符"控制面板，如图 8-179 所示。

图 8-178   图 8-179

◎ **设置制表符**

在"制表符"控制面板的上方有 4 个制表符，分别是"左对齐制表符"按钮 、"居中对齐制作符"按钮 、"右对齐制表符"按钮 和"小数点对齐制表符"按钮 ，单击需要的按钮，再在标尺上单击，可添加需要的制作符。

单击"居中对齐制作符"按钮 ，在标尺上每隔 20mm 单击一次，如图 8-180 所示，可以在上方的"X"文本框中精确设置距离。将光标插入文本中，按 Tab 键，调整文本的位置，效果如图 8-181 所示。

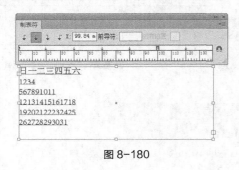

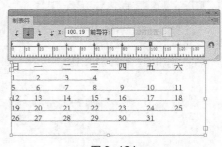

图 8-180   图 8-181

◎ **添加前导符**

选择"选择"工具 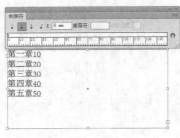，选取需要的文本框。按 Ctrl+Shift+T 组合键，弹出"制表符"控制面板，如图 8-182 所示。在标尺上添加左对齐制表符，并在"前导符"文本框中输入前导符，在段落文本中按 Tab 键，调整文本的位置，效果如图 8-183 所示。

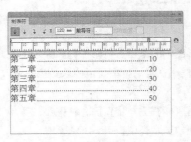

图 8-182   图 8-183

◎ **更改制表符**

将段落文本同时选取，在标尺上选取已有的制表符，如图 8-184 所示。单击标尺上方的需要的制表符（这里单击右对齐制作符），更改制表符的对齐方式，如图 8-185 所示。

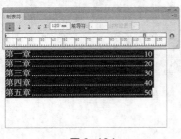
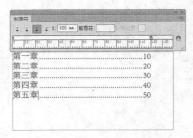

图 8-184   图 8-185

◎ **删除制表符**

在标尺上单击选取一个已有的制表符，如图 8-186 所示。直接拖离定位标尺或单击右上方的 图标，在弹出的菜单中选择"删除制表符"命令，删除选取的制表符，如图 8-187 所示。

图 8-186   图 8-187

单击右上方的 图标，在弹出的菜单中选择"清除全部制表符"命令，恢复默认的制表符，如图 8-188 所示。

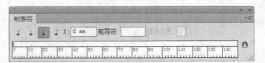

图 8-188

8.2.5 【实战演练】制作家具宣传册内页 3

使用置入命令置入图片；使用文字工具和直线段工具编辑描述性文字；使用字符控制面板调整文字行距；最终效果参看云盘中的"Ch08 > 效果 > 制作家具宣传册内页 3"，如图 8-189 所示。

微课：制作
家具宣传
册内页 3

图 8-189

8.3 综合演练——制作家具宣传册内页 4

8.3.1 【案例分析】

本案例是为家具公司设计制作的宣传册内页。要求设计简洁直观，主体突出，能体现出商品特色。

8.3.2 【设计理念】

在设计过程中，背景使用白色，即体现了简洁大气的设计风格，又将人们的目标引向主体。对体现家具优势的部分，进行了放大特写并给予文字叙述说明，加强了家具宣传，给用户传递了公司用心服务的理念。

8.3.3 【知识要点】

使用置入命令置入家居图片；使用文字工具添加相关信息；使用矩形工具、直接选择工具和创建剪切蒙版命令制作图形的剪切蒙版。最终效果参看云盘中的"Ch08 > 效果 > 制作家具宣传册内页 4"，如图 8-190所示。

微课：制作
家具宣传
册内页 4

图 8-190

8.4 综合演练——制作绿色环保图表

8.4.1 【案例分析】

本案例是制作绿色环保图表。设计要求简洁明确，观看直观方便，体现精确的数据，能够让人一目了然。

8.4.2 【设计理念】

在设计过程中，以插画图形作为背景，形象生动且具有环保气息，与主题相呼应；红色与绿色对比强烈，让人一目了然。整个画面干净清爽，主题明确，使人能够快速接受相关信息。

8.4.3 【知识要点】

使用置入命令置入素材图片；使用柱形图工具建立柱形图表；使用折线图工具建立折线图表。最终效果参看云盘中的"Ch08 > 效果 > 制作绿色环保图表"，如图 8-191 所示。

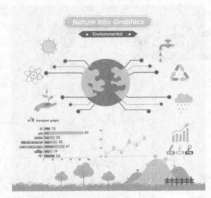

微课：制作
绿色环保
图表

图 8-191

第 9 章 包装设计

包装代表着一个商品的品牌形象。好的包装设计可以让商品在同类产品中脱颖而出，吸引消费者的注意力并引发其购买行为。好的包装设计也可以起到美化商品及传达商品信息的作用，更可以极大地提高商品地价值。本章以多个类别的商品包装为例，讲解包装的设计方法和制作技巧。

课堂学习目标

- 掌握包装的设计思路和过程
- 掌握制作包装的相关工具

- 掌握包装的制作方法和技巧

9.1 制作巧克力豆包装

9.1.1 【案例分析】

本案例是为巧克力豆制作的包装设计，要求传达出巧克力豆健康、快乐的特点，并且包装要画面丰富，能够快速地吸引消费者的注意。

9.1.2 【设计理念】

在设计过程中，包装整体可爱美观，卡通的松鼠形象能够带给人快乐，巧妙地将松鼠肚子的部位设置为透明样式，既能让人直观地看到巧克力豆的内容，又增添了画面的趣味性，欢快的包装设计符合巧克力豆的定位。最终效果参看云盘中的"Ch09 > 效果 > 制作巧克力豆包装"，如图 9-1 所示。

图 9-1

9.1.3 【操作步骤】

1. 绘制包装底图

步骤① 按 Ctrl+N 组合键，新建一个文档，宽度为 297mm，高度为 210mm，取向为横向，颜色模式为 CMYK，单击"确定"按钮。

步骤② 选择"钢笔"工具 ，在适当的位置绘制图形。双击"渐变"工具 ，弹出"渐变"控制面板，在色带上设置 4 个渐变滑块，分别将渐变滑块的位置设为 0、12、94、100，并设置 C、M、Y、K 的值分别为 0（0、6、15、30）、12（0、6、15、0）、94（0、6、15、0）、100（0、6、15、10），其他选项的设置如图 9-2 所示，图形被填充渐变色，并设置描边色为无，效果如图 9-3 所示。

微课：制作
巧克力豆
包装 1

步骤③ 选择"钢笔"工具 ，在适当的位置绘制图形，设置图形填充色的 C、M、Y、K 值分别为 54、54、56、0，填充图形，并设置描边色为无，效果如图 9-4 所示。选择"窗口 > 透明度"命令，在弹出的面板中进行设置，如图 9-5 所示，按 Enter 键确认操作，效果如图 9-6 所示。

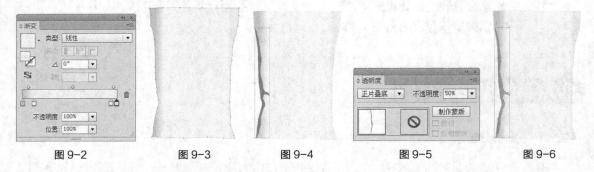

图 9-2　　　　　图 9-3　　　　　图 9-4　　　　　图 9-5　　　　　图 9-6

步骤④ 保持图形的选取状态。选择"效果 > 模糊 > 高斯模糊"命令，在弹出的对话框中进行设置，如图 9-7 所示，单击"确定"按钮，效果如图 9-8 所示。用相同的方法制作其他图形，效果如图 9-9 所示。选择"钢笔"工具 ，在适当的位置绘制不规则图形，填充图形为白色，并设置描边色为无，效果如图 9-10 所示。

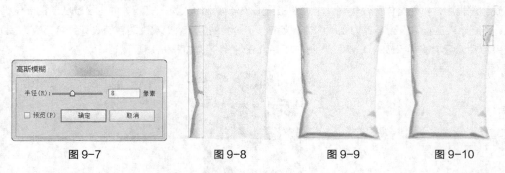

图 9-7　　　　　图 9-8　　　　　图 9-9　　　　　图 9-10

步骤⑤ 选择"直线段"工具 ，按住 Shift 键的同时，在适当的位置绘制一条直线，设置直线描边色的 C、M、Y、K 值分别为 21、23、30、0，填充直线描边，效果如图 9-11 所示。

图 9-11

步骤⑥ 选择"选择"工具 ，按住 Alt+Shift 组合键的同时，垂直向下拖曳直线到适当的位置，复制直线，效果如图 9-12 所示。连续按 Ctrl+D 组合键，按需要再复制出多条直线，效果如图 9-13 所示。

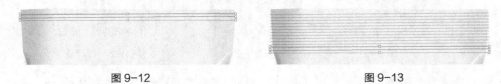

图 9-12   图 9-13

2. 制作主体图像

步骤① 按 Ctrl+O 组合键，打开云盘中的"Ch09 > 素材 > 制作巧克力豆包装 > 01"文件，选择"选择"工具 ，按 Ctrl+A 组合键，全选图形。按 Ctrl+C 组合键，复制图形。选择正在编辑的页面，按 Ctrl+V 组合键，将其粘贴到页面中，效果如图 9-14 所示。

步骤② 选择"椭圆"工具 ，按住 Shift 键的同时，在适当的位置绘制圆形，在属性栏中将"描边粗细"选项设为 1pt；设置图形描边色的 C、M、Y、K 值分别为 45、14、24、0，填充描边，效果如图 9-15 所示。选择"窗口 > 画笔库 > 艺术效果 > 艺术效果_粉笔炭笔铅笔"命令，在弹出的面板中选择需要的画笔样式，如图 9-16 所示，圆形效果如图 9-17 所示。

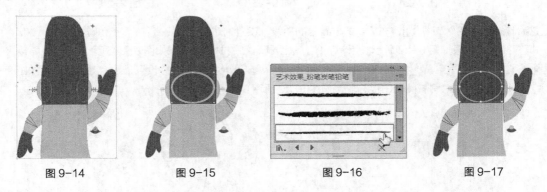

图 9-14   图 9-15   图 9-16   图 9-17

步骤③ 选择"椭圆"工具 ，绘制一个椭圆形，设置图形填充色的 C、M、Y、K 值分别为 44、82、100、8，填充图形，并设置描边色为无，效果如图 9-18 所示。按住 Shift 键的同时，再绘制一个圆形，设置图形填充色的 C、M、Y、K 值分别为 6、27、74、0，填充图形，并设置描边色为无，效果如图 9-19 所示。选择"选择"工具 ，按 Alt+Shift 组合键的同时，将其拖曳到适当的位置，复制图形，效果如图 9-20 所示。

图 9-18   图 9-19   图 9-20

步骤④ 用相同的方法再次绘制椭圆形，并填充与上方圆形相同的颜色，效果如图 9-21 所示。选择"钢笔"工具 ，在适当的位置绘制曲线，设置描边色的 C、M、Y、K 值分别为 89、70、55、17，填充描边，效果如图 9-22 所示。用相同的方法绘制右侧的曲线，效果如图 9-23 所示。

图 9-21　　　　　　图 9-22　　　　　　图 9-23

步骤 5　选择"椭圆"工具 ⬭，绘制一个椭圆形，设置图形填充色的 C、M、Y、K 值分别为 89、70、55、17，填充图形，并设置描边色为无，效果如图 9-24 所示。选择"效果 > 变形 > 下弧形"命令，在弹出的对话框中进行设置，如图 9-25 所示，单击"确定"按钮，效果如图 9-26 所示。

图 9-24　　　　　　图 9-25　　　　　　图 9-26

步骤 6　选择"钢笔"工具 ✒，在适当的位置绘制曲线，设置描边色的 C、M、Y、K 值分别为 89、70、55、17，填充描边，效果如图 9-27 所示。用相同的方法绘制右侧的曲线，效果如图 9-28 所示。

步骤 7　选择"钢笔"工具 ✒，在适当的位置绘制图形，填充图形为白色，并设置描边色为无，效果如图 9-29 所示。用相同的方法绘制右侧的图形，效果如图 9-30 所示。

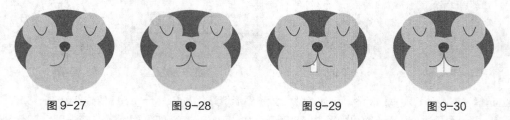

图 9-27　　　　图 9-28　　　　图 9-29　　　　图 9-30

步骤 8　选择"选择"工具 ▶，选取下方椭圆形，按 Ctrl+C 组合键，复制图形，按 Ctrl+F 组合键，将复制的图形粘贴在前面，如图 9-31 所示。按住 Shift 键的同时，将需要的图形同时选取，如图 9-32 所示，按 Ctrl+7 组合键，创建剪切蒙版，效果如图 9-33 所示。连续按 Ctrl+ [组合键，后移图形，效果如图 9-34 所示。

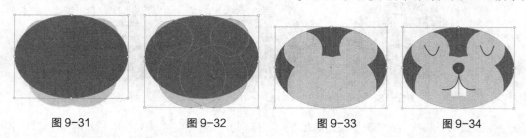

图 9-31　　　　图 9-32　　　　图 9-33　　　　图 9-34

步骤 9　选择"选择"工具 ▶，将所绘制的图形同时选取，按 Ctrl+G 组合键，编组图形，并将其拖曳到页面中适当的位置，效果如图 9-35 所示。选择"椭圆"工具 ⬭，按住 Shift 键的同时，在适当的位置绘制圆形，在属性栏中将"描边粗细"选项设为 0.5pt，设置图形描边色的 C、M、Y、K 值分别为 6、17、74、0，填充描边，效果如图 9-36 所示。在"艺术效果_粉笔炭笔铅笔"控制面板中选择需要的画笔样式，如图 9-37 所示，圆形效果如图 9-38 所示。

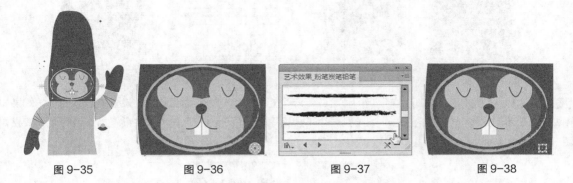

图 9-35　　　　　图 9-36　　　　　图 9-37　　　　　图 9-38

步骤 ⑩ 用上述方法制作其他两个圆形，效果如图 9-39 所示。选择"文件 > 置入"命令，弹出"置入"对话框，选择云盘中的"Ch09 > 素材 > 制作巧克力豆包装 > 02"文件，单击"置入"按钮，置入文件。单击属性栏中的"嵌入"按钮，嵌入图片，拖曳图片到适当的位置，并调整其大小，效果如图 9-40 所示。

步骤 ⑪ 选择"钢笔"工具 ✐，在适当的位置绘制图形，如图 9-41 所示。选择"选择"工具 ▶，将图形和图片同时选取，按 Ctrl+7 组合键，创建剪切蒙版，效果如图 9-42 所示。

图 9-39　　　　　图 9-40　　　　　图 9-41　　　　　图 9-42

步骤 ⑫ 选择"直线段"工具 ╱，按住 Shift 键的同时，在适当的位置绘制直线，在属性栏中将"描边粗细"选项设为 2pt，设置图形描边色的 C、M、Y、K 值分别为 6、27、74、0，填充直线描边，效果如图 9-43 所示。在"艺术效果_粉笔炭笔铅笔"控制面板中选择需要的画笔样式，如图 9-44 所示，图形效果如图 9-45 所示。

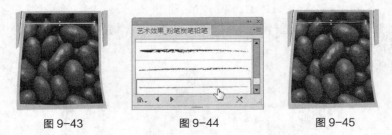

图 9-43　　　　　图 9-44　　　　　图 9-45

步骤 ⑬ 用相同的方法绘制其他图形，效果如图 9-46 所示。选择"椭圆"工具 ⬭，在适当的位置绘制椭圆形，在属性栏中将"描边粗细"选项设为 1pt，设置图形填充色和描边色的 C、M、Y、K 值分别为 6、27、74、0，填充图形和描边，效果如图 9-47 所示。在"艺术效果_粉笔炭笔铅笔"控制面板中选择需要的画笔样式，如图 9-48 所示，图形效果如图 9-49 所示。

图 9-46

图 9-47

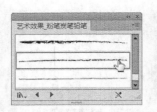
图 9-48

图 9-49

步骤⑭ 选择"矩形"工具 ▣，在适当的位置绘制一个矩形，填充图形为白色，并设置描边色为无，效果如图 9-50 所示。选择"钢笔"工具 ✑，绘制一个不规则图形，填充图形为白色，并设置描边色为无，效果如图 9-51 所示。

图 9-50

图 9-51

3. 添加宣传文字和投影

步骤① 选择"文字"工具 T，在适当的位置分别输入需要的文字，选择"选择"工具 ▶，在属性栏中分别选择合适的字体和文字大小，设置文字填充色的 C、M、Y、K 值分别为 0、6、15、0，填充文字，效果如图 9-52 所示。选取上方的文字，向左拖曳右侧中间的控制手柄到适当的位置，调整文字大小，效果如图 9-53 所示。用相同的方法调整下方的文字，效果如图 9-54 所示。

微课：制作
巧克力豆
包装 2

图 9-52

图 9-53

图 9-54

步骤② 选择"文字"工具 T，在适当的位置输入需要的文字，选择"选择"工具 ▶，在属性栏中选择合适的字体和文字大小，设置文字填充色的 C、M、Y、K 值分别为 89、70、55、17，填充文字，效果如图 9-55 所示。拖曳文字到适当的位置并旋转适当角度，效果如图 9-56 所示。用相同的方法在下方分别输入需要的文字，效果如图 9-57 所示。

图 9-55   图 9-56   图 9-57

步骤③ 选择"文字"工具 T，将光标置于需要的位置单击，插入光标，如图 9-58 所示。选择"窗口 > 文字 > 字符"命令，在弹出的面板中进行设置，如图 9-59 所示，按 Enter 键确认操作，效果如图 9-60 所示。

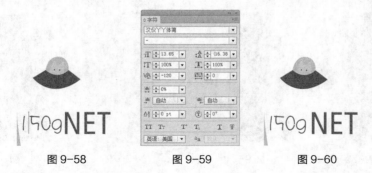

图 9-58 　　　　　　　　 图 9-59 　　　　　　　　 图 9-60

步骤④ 选择"选择"工具 ，选取右侧的文字，在"字符"控制面板中进行设置，如图 9-61 所示，按 Enter 键确认操作，效果如图 9-62 所示。

步骤⑤ 选择"钢笔"工具 ，在适当的位置绘制图形，设置图形填充色的 C、M、Y、K 值分别为 15、100、100、0，填充图形，并设置描边色为无，效果如图 9-63 所示。选择"选择"工具 ，选取需要的图形，按住 Alt 键的同时，将其拖曳到适当的位置，复制图形，设置图形填充色的 C、M、Y、K 值分别为 15、100、100、45，填充图形，效果如图 9-64 所示。

图 9-61 　　　　　　 图 9-62 　　　　　　 图 9-63 　　　　　　 图 9-64

步骤⑥ 保持图形的选取状态。选择"效果 > 模糊 > 高斯模糊"命令，在弹出的对话框中进行设置，如图 9-65 所示，单击"确定"按钮，效果如图 9-66 所示。按 Ctrl+ [组合键，后移图形，效果如图 9-67 所示。

步骤⑦ 选择"文字"工具 T，在适当的位置输入需要的文字，选择"选择"工具 ，在属性栏中选择合适的字体和文字大小，填充文字为白色，效果如图 9-68 所示。拖曳鼠标将其旋转到适当的角度，效果如图 9-69 所示。

图 9-65 　　　　 图 9-66 　　　　 图 9-67 　　　　 图 9-68 　　　　 图 9-69

步骤⑧ 选择"选择"工具 ，将需要的图形同时选取，按 Ctrl+G 组合键，编组图形，并将其拖曳到适当的位置，效果如图 9-70 所示。连续按 Ctrl+ [组合键，后移图形，效果如图 9-71 所示。选择"选择"工具 ，选取需要的图形，按 Ctrl+C 组合键，复制图形，按 Ctrl+F 组合键，将复制的图形粘贴在前面。按 Ctrl+ Shift+]

组合键，将图形置于最前方，如图 9-72 所示。将复制的图形和编组图形同时选取，按 Ctrl+7 组合键，创建剪切蒙版，效果如图 9-73 所示。

| 图 9-70 | 图 9-71 | 图 9-72 | 图 9-73 |

步骤 ⑨ 选择"椭圆"工具 ⬭，在适当的位置绘制椭圆形，填充图形为黑色，并设置描边色为无，效果如图 9-74 所示。在"透明度"控制面板中进行设置，如图 9-75 所示，按 Enter 键确认操作，效果如图 9-76 所示。

| 图 9-74 | 图 9-75 | 图 9-76 |

步骤 ⑩ 选择"效果 > 模糊 > 高斯模糊"命令，在弹出的对话框中进行设置，如图 9-77 所示，单击"确定"按钮，效果如图 9-78 所示。连续按 Ctrl+ [组合键，后移图形，效果如图 9-79 所示。巧克力豆包装制作完成，效果如图 9-80 所示

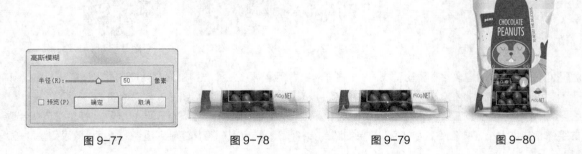

| 图 9-77 | 图 9-78 | 图 9-79 | 图 9-80 |

9.1.4 【相关工具】

1. "模糊"效果

"模糊"效果组可以削弱相邻像素之间的对比度，使图像达到柔化的效果，如图 9-81 所示。

图 9-81

◎ **"径向模糊"效果**

"径向模糊"效果可以使图像产生旋转或运动的效果，模糊的中心位置可以任意调整。

选中图像，如图 9-82 所示。选择"效果 > 模糊 > 径向模糊"命令，在弹出的"径向模糊"对话框中进行设置，如图 9-83 所示。单击"确定"按钮，图像效果如图 9-84 所示。

图 9-82　　　　　　　　图 9-83　　　　　　　　图 9-84

◎ **"特殊模糊"效果**

"特殊模糊"效果可以使图像背景产生模糊效果，可以用来制作柔化效果。

选中图像，如图 9-85 所示。选择"效果 > 模糊 > 特殊模糊"命令，在弹出的"特殊模糊"对话框中进行设置，如图 9-86 所示。单击"确定"按钮，图像效果如图 9-87 所示。

图 9-85　　　　　　　　图 9-86　　　　　　　　图 9-87

◎ **"高斯模糊"效果**

"高斯模糊"效果可以使图像变得柔和，可以用来制作倒影或投影。

选中图像，如图 9-88 所示。选择"效果 > 模糊 > 高斯模糊"命令，在弹出的"高斯模糊"对话框中进行设置，如图 9-89 所示。单击"确定"按钮，图像效果如图 9-90 所示。

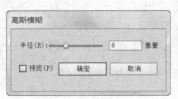

图 9-88　　　　　　　　图 9-89　　　　　　　　图 9-90

2. 使用画笔工具

画笔工具可以绘制出样式繁多的精美线条和图形，绘制出风格迥异的图像。调节不同的刷头还可以达到不同的绘制效果。

选择"画笔"工具 ✎，选择"窗口 > 画笔"命令，弹出"画笔"控制面板，如图 9-91 所示。在控制面板中选择任意一种画笔样式。在页面中需要的位置单击并按住鼠标左键不放，向右拖曳光标进行线条的绘制，如图 9-92 所示，释放鼠标左键，线条绘制完成，如图 9-93 所示。

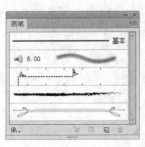
图 9-91

图 9-92

图 9-93

选取绘制的线条，如图 9-94 所示。选择"窗口 > 描边"命令，弹出"描边"控制面板，在控制面板中的"粗细"选项中选择或设置需要的描边大小，如图 9-95 所示。线条的效果如图 9-96 所示。

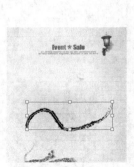
图 9-94

图 9-95

图 9-96

双击"画笔"工具 ✎，弹出"画笔工具选项"对话框，如图 9-97 所示。在对话框的"容差"选项组中，"保真度"选项可以调节绘制曲线上的点的精确度，"平滑度"选项可以调节绘制曲线的平滑度。在"选项"选项组中，勾选"填充新画笔描边"复选框，则每次使用画笔工具绘制图形时，系统都会自动地以默认颜色来填充对象的笔画；勾选"保持选定"复选框，绘制的曲线处于被选取状态；勾选"编辑所选路径"复选框，画笔工具可以对选中的路径进行编辑。

选择"窗口 > 画笔"命令，弹出"画笔"控制面板，如图 9-91 所示。在"画笔"控制面板中，包含了许多的内容，下面进行详细讲解。

图 9-97

◎ **画笔类型**

Illustrator CS6 包括了 5 种类型的画笔，即散点画笔、书法画笔、毛刷画笔、图案画笔和艺术画笔。

（1）散点画笔

单击"画笔"控制面板右上角的图标 ，将弹出其下拉菜单。在系统默认状态下"显示散点画笔"命令为灰色，选择"打开画笔库"命令，弹出子菜单，如图 9-98 所示。在弹出的菜单中选择任意一种散点画笔，弹出相应的控制面板，如图 9-99 所示。在控制面板中单击画笔，画笔就被加载到"画笔"控制面板中，如图 9-100 所示。选择任意一种散点画笔，再选择"画笔"工具 ，用鼠标在页面上连续单击或进行拖曳，就可以绘制出需要的图像，效果如图 9-101 所示。

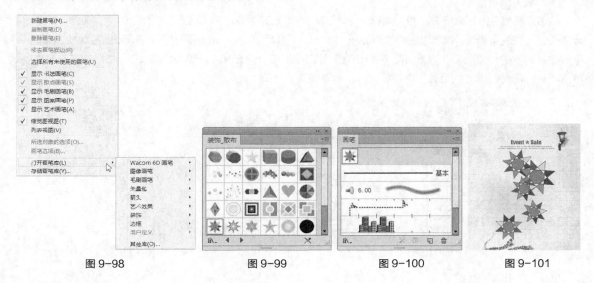

图 9-98   图 9-99   图 9-100   图 9-101

（2）书法画笔

在系统默认状态下，书法画笔为显示状态，"画笔"控制面板的第一排为书法画笔，如图 9-102 所示。选择任意一种书法画笔，选择"画笔"工具 ，在页面中需要的位置单击并按住鼠标左键不放，拖曳光标进行线条的绘制，释放鼠标左键，线条绘制完成，效果如图 9-103 所示。

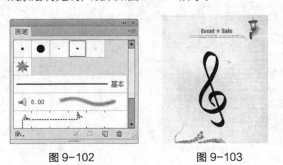

图 9-102   图 9-103

（3）毛刷画笔

在系统默认状态下，毛刷画笔为显示状态，"画笔"控制面板的第三排为毛刷画笔，如图 9-104 所示。选择"画笔"工具 ，在页面中需要的位置单击并按住鼠标左键不放，拖曳光标进行线条的绘制，释放鼠标左键，线条绘制完成，效果如图 9-105 所示。

图 9-104　　　　　　　　　　图 9-105

（4）图案画笔

单击"画笔"控制面板右上角的图标，将弹出其下拉菜单，选择"打开画笔库"命令，在弹出的菜单中选择任意一种图案画笔，弹出相应的控制面板，如图 9-106 所示。在控制面板中单击画笔，画笔就被加载到"画笔"控制面板中，如图 9-107 所示。选择任意一种图案画笔，再选择"画笔"工具，用鼠标在页面上连续单击或进行拖曳，就可以绘制出需要的图像，效果如图 9-108 所示。

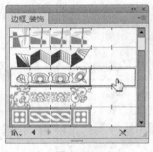
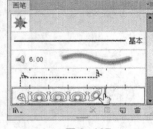

图 9-106　　　　　　　　　　图 9-107　　　　　　　　　　图 9-108

（5）艺术画笔

在系统默认状态下，艺术画笔为显示状态，"画笔"控制面板的图案画笔以下为艺术画笔，如图 9-109 所示。选择任意一种艺术画笔，选择"画笔"工具，在页面中需要的位置单击并按住鼠标左键不放，拖曳光标进行线条的绘制，释放鼠标左键，线条绘制完成，效果如图 9-110 所示。

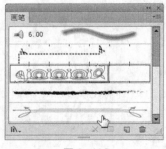

图 9-109　　　　　　　　　　图 9-110

◎ **更改画笔类型**

选中想要更改画笔类型的图像，如图 9-111 所示。在"画笔"控制面板中单击需要的画笔样式，如图 9-112 所示。更改画笔后的图像效果如图 9-113 所示。

图 9-111 　　　　　　　　图 9-112 　　　　　　　　图 9-113

◎ **"画笔"控制面板的按钮**

"画笔"控制面板下面有 4 个按钮。从左到右依次是"移去画笔描边"按钮 ⊠ 、"所选对象的选项"按钮 ▣ 、"新建画笔"按钮 ▣ 和"删除画笔"按钮 🗑 。

"移去画笔描边"按钮 ⊠ ：可以将当前被选中的图形上的描边删除，而留下原始路径。

"所选对象的选项"按钮 ▣ ：可以打开应用到被选中图形上的画笔的选项对话框，在对话框中可以编辑画笔。

"新建画笔"按钮 ▣ ：可以创建新的画笔。

"删除画笔"按钮 🗑 ：可以删除选定的画笔样式。

◎ **"画笔"控制面板的下拉式菜单**

单击"画笔"控制面板右上角的图标 ▼ ，弹出其下拉菜单，如图 9-114 所示。

"新建画笔"命令、"删除画笔"命令、"移去画笔描边"命令和"所选对象的选项"命令与相应的按钮功能是一样的。"复制画笔"命令可以复制选定的画笔。"选择所有未使用的画笔"命令将选中在当前文档中还没有使用过的所有画笔。"列表视图"命令可以将所有的画笔类型以列表的方式按照名称顺序排列，在显示小图标的同时还可以显示画笔的种类，如图 9-115 所示。"画笔选项"命令可以打开相关的选项对话框对画笔进行编辑。

图 9-114 　　　　　　　　　图 9-115

◎ **编辑画笔**

Illustrator CS6 提供了对画笔编辑的功能，例如，改变画笔的外观、大小、颜色、角度，以及箭头方向等。对于不同的画笔类型，编辑的参数也有所不同。

选中"画笔"控制面板中需要编辑的画笔，如图 9-116 所示。单击控制面板右上角的图标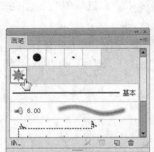，在弹出式菜单中选择"画笔选项"命令，弹出"散点画笔选项"对话框，如图 9-117 所示。在对话框中的"名称"选项可以设定画笔的名称；"大小"选项可以设定画笔图案与原图案之间比例大小的范围；"间距"选项可以设定"画笔"工具 在绘图时，沿路径分布的图案之间的距离；"分布"选项可以设定路径两侧分布的图案之间的距离；"旋转"选项可以设定各个画笔图案的旋转角度；"旋转相对于"选项可以设定画笔图案是相对于"页面"还是相对于"路径"来旋转；"着色"选项组中的"方法"选项可以设置着色的方法；"主色"选项后的吸管工具可以选择颜色，其后的色块即是所选择的颜色；单击"提示"按钮，弹出"着色提示"对话框，如图 9-118 所示。设置完成后，单击"确定"按钮，即可完成画笔的编辑。

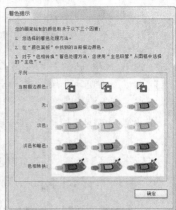

图 9-116　　　　　　　　　　图 9-117　　　　　　　　　　图 9-118

◎ 自定义画笔

Illustrator CS6 除了利用系统预设的画笔类型和编辑已有的画笔外，还可以使用自定义的画笔。不同类型的画笔，定义的方法类似。如果新建散点画笔，那么作为散点画笔的图形对象中就不能包含有图案、渐变填充等属性。如果新建书法画笔和艺术画笔，就不需要事先制作好图案，只要在其相应的画笔选项对话框中进行设定即可。

选中想要制作成为画笔的对象，如图 9-119 所示。单击"画笔"控制面板下面的"新建画笔"按钮，或选择控制面板右上角的按钮，在弹出式菜单中选择"新建画笔"命令，弹出"新建画笔"对话框，如图 9-120所示。

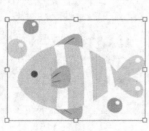

图 9-119　　　　　　　　　图 9-120

选择"图案画笔"单选项，单击"确定"按钮，弹出"图案画笔选项"对话框，如图 9-121 所示。在对话框中，"名称"选项用于设置图案画笔的名称；"缩放"选项设置图案画笔的缩放比例；"间距"选项用于设置图案之间的间距； 选项设置画笔的外角拼贴、边线拼贴、内角拼贴、起点拼贴和终点拼贴；"翻转"选项组用于设置图案的翻转方向;"适合"选项组设置图案与图形的适合关系;"着色"选项组设置图案画笔的着色方法和主色调。单击"确定"按钮,制作的画笔将自动添加到"画笔"控制面板中,如图 9-122 所示。使用新定义的画笔可以在绘图页面上绘制图形,如图 9-123 所示。

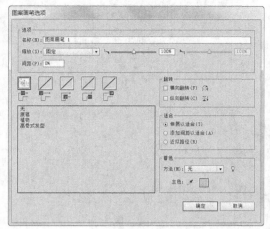

图 9-121

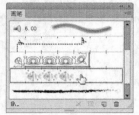

图 9-122

图 9-123

3. 使用画笔库

Illustrator CS6 不但提供了功能强大的画笔工具,还提供了多种画笔库,其中包含箭头、艺术效果、装饰、边框和默认画笔等,这些画笔可以任意调用。

选择"窗口 > 画笔库"命令,在弹出式菜单中显示一系列的画笔库命令。分别选择各个命令,可以弹出一系列的"画笔"控制面板,如图 9-124 所示。Illustrator CS6 还允许调用其他"画笔库"。选择"窗口 > 画笔库 > 其他库"命令,弹出"选择要打开的库:"对话框,可以选择其他合适的库,如图 9-125 所示。

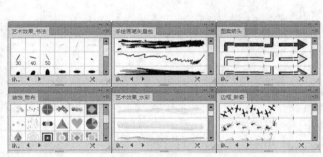

图 9-124

图 9-125

4. 使用膨胀工具

选择"膨胀"工具 ,将鼠标指针放到对象中适当的位置,如图 9-126 所示,在对象上拖曳鼠标,就可以进行膨胀变形操作,效果如图 9-127 所示。

双击"膨胀"工具 ,弹出"膨胀工具选项"对话框,如图 9-128 所示。在对话框中的"全局画笔尺寸"选项组中,"宽度"选项可以设置画笔的宽度,"高度"选项可以设置画笔的高度,"角度"选项可以设置画笔的角度，"强度"选项可以设置画笔的强度。在"膨胀选项"选项组中，勾选"细节"复选框可以控制变形的细节程度，勾选"简化"复选框可以控制变形的简化程度。勾选"显示画笔大小"复选框，在对对象进行变形时会显示画笔的大小。

图 9-126　　　　　　图 9-127　　　　　　　　　图 9-128

9.1.5　【实战演练】制作耳机包装

使用直线段工具和描边控制面板制作虚线效果；使用置入命令置入产品图片；使用文字工具、倾斜工具、创建轮廓命令和渐变工具制作包装名称和介绍性文字。最终效果参看云盘中的"Ch09 ＞ 效果 ＞ 制作耳机包装"，如图 9-129 所示。

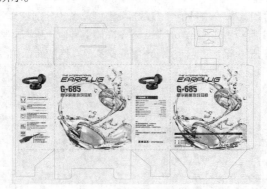

微课：制作
耳机包装

图 9-129

9.2　制作果汁饮料包装

9.2.1　【案例分析】

果汁饮料是指以水果为基本原料，由不同的配方和制造工艺生产出来，供人们直接饮用的液体食品。果汁饮料的品种多样，口味丰富。本案例是为食品公司制作的果汁饮料包装设计，要求品牌名称突出，画面醒目直观，能显示最新的饮料口味。

9.2.2 【设计理念】

在设计过程中，果汁饮料采用塑料的包装形式；黄色的杯盖醒目突出，与包装上的橘子图案相呼应，直接表明饮料的成分及口味。整个画面清爽干净，设计简洁明快、主题突出，给人清新爽口的感觉。最终效果参看云盘中的"Ch09 > 效果 > 制作果汁饮料包装"，如图 9-130 所示。

图 9-130

9.2.3 【操作步骤】

1. 绘制包装底图

步骤 ① 按 Ctrl+N 组合键，新建一个文档，设置文档的宽度为 145mm，高度为 200mm，取向为竖向，颜色模式为 CMYK，单击"确定"按钮。

步骤 ② 选择"矩形"工具 ⬜，在页面中绘制一个矩形，如图 9-131 所示。设置图形填充色的 C、M、Y、K 值分别为 44、17、30、0，填充图形，并设置描边色为无，效果如图 9-132 所示。

微课：制作
果汁饮料
包装 1

图 9-131

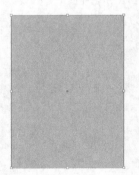

图 9-132

步骤 ③ 选择"钢笔"工具 ✎，在页面中绘制一个图形，如图 9-133 所示。双击"渐变"工具 ⬛，弹出"渐变"控制面板，在色带上设置 3 个渐变滑块，分别将渐变滑块的位置设为 0、52、100，并设置 C、M、Y、K 的值分别为 0（7、6、13、25）、52（5、0、12、0）、100（7、6、9、17），其他选项的设置如图 9-134 所示，图形被填充渐变色，并设置描边色为无，效果如图 9-135 所示。

| 图 9-133 | 图 9-134 | 图 9-135 |

步骤④ 选择"椭圆"工具 ，在页面中绘制一个椭圆形，如图 9-136 所示。填充图形为黑色，并设置描边色为无，效果如图 9-137 所示。

步骤⑤ 选择"效果 > 模糊 > 高斯模糊"命令，在弹出的对话框中进行设置，如图 9-138 所示，单击"确定"按钮，效果如图 9-139 所示。

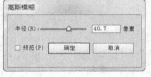

| 图 9-136 | 图 9-137 | 图 9-138 | 图 9-139 |

步骤⑥ 选择"选择"工具 ，选取图形，按 Ctrl+ [组合键，后移一层，效果如图 9-140 所示。

步骤⑦ 选择"椭圆"工具 ，在页面中绘制一个椭圆形，如图 9-141 所示。设置图形填充色的 C、M、Y、K 值分别为 0、30、100、80，填充图形，并设置描边色为无，效果如图 9-142 所示。按 Ctrl+ [组合键，后移一层，效果如图 9-143 所示。

| 图 9-140 | 图 9-141 | 图 9-142 | 图 9-143 |

步骤⑧ 选择"钢笔"工具 ，在页面中绘制一个图形，如图 9-144 所示。设置图形填充色的 C、M、Y、K 值分别为 0、25、76、0，填充图形，并设置描边色为无，效果如图 9-145 所示。

图 9-144

图 9-145

步骤⑨ 选择 "钢笔" 工具 ，在页面中分别绘制 2 个图形，如图 9-146 所示。选择 "选择" 工具 ，选取左侧的图形，设置图形填充色的 C、M、Y、K 值分别为 0、17、74、0，填充图形，并设置描边色为无，效果如图 9-147 所示。选取右侧的图形，设置图形填充色的 C、M、Y、K 值分别为 0、15、74、0，填充图形，并设置描边色为无，效果如图 9-148 所示。

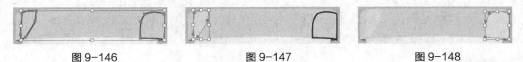

| 图 9-146 | 图 9-147 | 图 9-148 |

步骤⑩ 选择 "钢笔" 工具 ，在页面中绘制一个不规则图形，如图 9-149 所示。双击 "渐变" 工具 ，弹出 "渐变" 控制面板，在色带上设置 2 个渐变滑块，分别将渐变滑块的位置设为 0、100，并设置 C、M、Y、K 的值分别为 0（0、39、100、36）、100（0、25、76、0），其他选项的设置如图 9-150 所示，图形被填充为渐变色，并设置描边色为无，效果如图 9-151 所示。

图 9-149

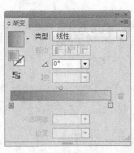
图 9-150

图 9-151

2. 添加装饰文字

步骤① 选择 "钢笔" 工具 ，在页面中分别绘制多个不规则图形，如图 9-152 所示。选择 "选择" 工具 ，选取需要的图形，设置图形填充色的 C、M、Y、K 值分别为 31、90、52、0，填充图形，并设置描边色为无，效果如图 9-153 所示。

步骤② 选择 "选择" 工具 ，按住 Shift 键的同时，选取需要的图形，设置图形填充色的 C、M、Y、K 值分别为 71、27、41、0，填充图形，并设置描边色为无，效果如图 9-154 所示。

步骤③ 选择 "选择" 工具 ，按住 Shift 键的同时，选取需要的图形，设置图形填充色的 C、M、Y、K 值分别为 10、47、45、0，填充图形，并设置描边色为无，效果如图 9-155 所示。

步骤④ 选择 "选择" 工具 ，按住 Shift 键的同时，选取需要的图形，设置图形填充色的 C、M、Y、K 值分别为 0、57、100、0，填充图形，并设置描边色为无，效果如图 9-156 所示。

图 9-152

图 9-153

图 9-154

图 9-155

图 9-156

步骤⑤ 选择"选择"工具 ，选取需要的图形，设置图形填充色的 C、M、Y、K 值分别为 0、82、100、0，填充图形，并设置描边色为无，效果如图 9-157 所示。

步骤⑥ 选择"文字"工具 T ，输入需要的文字。选择"选择"工具 ，在属性栏中选择合适的字体并设置文字大小，设置文字填充色的 C、M、Y、K 值分别为 100、100、0、47，填充文字，效果如图 9-158 所示。按 Alt+ →组合键，调整文字间距，效果如图 9-159 所示。

图 9-157

图 9-158

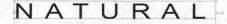
图 9-159

步骤⑦ 选择"对象 > 封套扭曲 > 用变形建立"命令，在弹出的"变形选项"对话框中进行设置，如图 9-160 所示，单击"确定"按钮，文字的变形效果如图 9-161 所示。

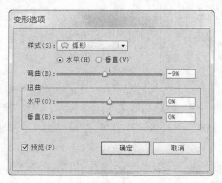
图 9-160

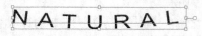
图 9-161

步骤⑧ 选择"选择"工具 ，选中文字并将其移动到适当的位置，取消文字选取状态，如图 9-162 所示。

步骤⑨ 选择"文字"工具 T ，在页面中分别输入需要的文字。选择"选择"工具 ，在属性栏中选择合适的字体并设置文字大小，如图 9-163 所示。选取需要的文字，按 Ctrl+T 组合键，弹出"字符"控制面板，选项的设置如图 9-164 所示，按 Enter 键确认操作。填充文字为白色，效果如图 9-165 所示。

图 9-162

图 9-163

图 9-164

图 9-165

步骤⑩ 选择"选择"工具 ![](），选取需要的文字，设置文字填充色的 C、M、Y、K 值分别为 100、100、0、47，填充文字，效果如图 9-166 所示。在"字符"控制面板中，选项的设置如图 9-167 所示，文字效果如图 9-168 所示。

图 9-166

图 9-167

图 9-168

3. 绘制装饰图形

步骤① 选择"钢笔"工具 ![](），在页面中绘制一个不规则图形，设置图形填充色的 C、M、Y、K 值分别为 62、0、100、0，填充图形，并设置描边色为无，如图 9-169 所示。

步骤② 选择"选择"工具 ![](），选取图形，按 Ctrl+C 组合键，复制图形，按 Ctrl+F 组合键，将复制的图形原位粘贴，设置图形填充色的 C、M、Y、K 值分别为 83、0、50、24，填充图形，并设置描边色为无，如图 9-170 所示。

微课：制作
果汁饮料
包装 2

步骤③ 选择"矩形"工具 ![](），在页面中绘制一个矩形，如图 9-171 所示。选择"选择"工具 ![](），按住 Shift 键的同时，将矩形和不规则图形同时选取，选择"窗口 > 路径查找器"命令，弹出"路径查找器"控制面板，单击"减去顶层"按钮 ，如图 9-172 所示，生成新的对象，效果如图 9-173 所示。

图 9-169

图 9-170

图 9-171

图 9-172

图 9-173

步骤④ 选择"直线段"工具 ⟋，在页面中绘制一条直线，如图 9-174 所示。填充图形描边为白色，在属性栏中将"描边粗细"选项设为 0.5pt，如图 9-175 所示。

步骤⑤ 使用相同的方法绘制其他效果，如图 9-176 所示。选择"选择"工具 ▶，用圈选的方法选取需要的图形，如图 9-177 所示。按 Ctrl+G 组合键，将所选图形编组并移动到适当的位置，如图 9-178 所示。

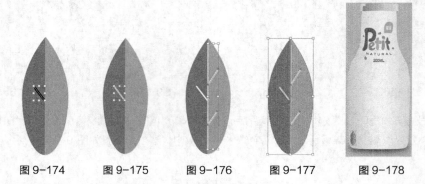

图 9-174　　　图 9-175　　　图 9-176　　　图 9-177　　　图 9-178

步骤⑥ 选择"选择"工具 ▶，选取图形组，按住 Alt 键的同时，多次用鼠标向外拖曳图形，复制出多个图形组并调整其大小，效果如图 9-179 所示。

步骤⑦ 选择"钢笔"工具 ⌖，在页面中绘制一个不规则图形，如图 9-180 所示。设置图形填充色的 C、M、Y、K 值分别为 71、27、41、0，填充图形，并设置描边色为无，如图 9-181 所示。

图 9-179　　　　　图 9-180　　　　　图 9-181

步骤⑧ 选择"钢笔"工具 ⌖，在页面中绘制一个不规则图形。设置图形填充色的 C、M、Y、K 值分别为 0、57、100、0，填充图形，并设置描边色为无，如图 9-182 所示。使用相同的方法绘制图形并填充颜色，如图 9-183 所示。

步骤⑨ 选择"钢笔"工具 ⌖，在页面中绘制一个不规则图形。设置图形填充色的 C、M、Y、K 值分别为 0、82、100、0，填充图形，并设置描边色为无，如图 9-184 所示。

图 9-182　　　　　图 9-183　　　　　图 9-184

步骤 ⑩ 选择"直线段"工具 ，在页面中绘制一条直线。填充图形描边为白色，如图 9-185 所示。使用相同的方法绘制其他效果，如图 9-186 所示。

步骤 ⑪ 选择"文字"工具 T，输入需要的文字。选择"选择"工具，在属性栏中选择合适的字体并设置文字大小，填充文字为白色，如图 9-187 所示。拖曳变换框外的控制手柄，将图形旋转到适当的角度，如图 9-188 所示。

图 9-185 　　　　图 9-186 　　　　图 9-187 　　　　图 9-188

步骤 ⑫ 选择"钢笔"工具，在页面中绘制 2 个不规则图形。设置图形填充色的 C、M、Y、K 值分别为 63、0、100、0，填充图形，并设置描边色为无，如图 9-189 所示。

步骤 ⑬ 选择"选择"工具，选取需要的图形，如图 9-190 所示。选择"窗口 > 透明度"命令，弹出"透明度"控制面板，选项的设置如图 9-191 所示，效果如图 9-192 所示。

图 9-189 　　　　图 9-190 　　　　图 9-191 　　　　图 9-192

步骤 ⑭ 选择"选择"工具，选取需要的图形，如图 9-193 所示。按 Ctrl+G 组合键，将所选图形编组。

步骤 ⑮ 选择"选择"工具，选取瓶身图形，按 Ctrl+C 组合键，复制图形，按 Ctrl+F 组合键，将复制的图形原位粘贴。按 Shift+Ctrl+] 组合键，将其置于顶层，并设置图形填充色和描边色为无，如图 9-194 所示。按住 Shift 键的同时，选中需要的图形组和图形，如图 9-195 所示。按 Ctrl+7 组合键，建立剪切蒙版，效果如图 9-196 所示。

图 9-193 　　　　图 9-194 　　　　图 9-195 　　　　图 9-196

步骤 ⑯ 在"透明度"控制面板中，选项的设置如图 9-197 所示，效果如图 9-198 所示。

图 9-197   图 9-198

步骤 ⑰ 选择 "矩形" 工具 ▣，在页面中绘制一个矩形，如图 9-199 所示。双击 "渐变" 工具 ▣，弹出 "渐变" 控制面板，在色带上设置 2 个渐变滑块，分别将渐变滑块的位置设为 0、83，并设置 C、M、Y、K 的值分别为 0（0、0、0、74）、83（7、6、9、17），将位置 83 的渐变滑块的 "不透明度" 选项设置为 0%，其他选项的设置如图 9-200 所示，图形被填充为渐变色，并设置描边色为无，效果如图 9-201 所示。

图 9-199   图 9-200   图 9-201

步骤 ⑱ 选择 "钢笔" 工具 ✎，在页面中绘制一个不规则图形，如图 9-202 所示。双击 "渐变" 工具 ▣，弹出 "渐变" 控制面板，在色带上设置 2 个渐变滑块，分别将渐变滑块的位置设为 0、100，并设置 C、M、Y、K 的值分别为 0（7、6、9、4）、100（7、6、9、80），将位置 0 的渐变滑块的 "不透明度" 选项设置为 0%，其他选项的设置如图 9-203 所示，图形被填充为渐变色，并设置描边色为无，效果如图 9-204 所示。

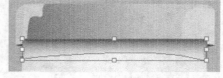

图 9-202   图 9-203   图 9-204

步骤 ⑲ 选择 "选择" 工具 ▶，选取瓶身图形，按 Ctrl+C 组合键，复制图形，按 Ctrl+F 组合键，将复制的图形原位粘贴。按 Shift+Ctrl+] 组合键，将其置于顶层，并设置图形填充色和描边色为无。按住 Shift 键的同时选中需要的图形组和图形，如图 9-205 所示。按 Ctrl+7 组合键，建立剪切蒙版，效果如图 9-206 所示。

步骤 ⑳ 在 "透明度" 控制面板中，选项的设置如图 9-207 所示，效果如图 9-208 所示。果汁饮料包装制作完成，如图 9-209 所示。

图 9-205　　　　　图 9-206　　　　　　　图 9-207　　　　　　图 9-208　　　　　图 9-209

9.2.4 【相关工具】

1. 使用旋转扭曲工具

选择"旋转扭曲"工具，将鼠标指针放到对象中适当的位置，如图 9-210 所示，在对象上拖曳鼠标，如图 9-211 所示，就可以进行扭转变形操作，效果如图 9-212 所示。

图 9-210　　　　　　　图 9-211　　　　　　　图 9-212

双击"旋转扭曲"工具，弹出"旋转扭曲工具选项"对话框，如图 9-213 所示。在"旋转扭曲选项"选项组中，"旋转扭曲速率"选项可以控制扭转变形的比例。对话框中其他选项的功能与"膨胀工具选项"对话框中的选项功能相同。

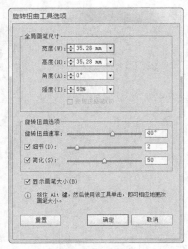

图 9-213

2. 封套效果的使用

Illustrator CS6 中提供了不同形状的封套类型，利用不同的封套类型可以改变选定对象的形状。封套不仅可以应用到选定的图形中，还可以应用于路径、复合路径、文本对象、网格、混合或导入的位图当中。

当对一个对象使用封套时，对象就像被放入到一个特定的容器中，封套使对象的本身发生相应的变化。同时，对于应用了封套的对象，还可以对其进行一定的编辑，如修改、删除等操作。

◎ **从应用程序预设的形状创建封套**

选中对象，选择"对象 > 封套扭曲 > 用变形建立"命令（组合键为 Alt+Shift+Ctrl+W），弹出"变形选项"对话框，如图 9-214 所示。

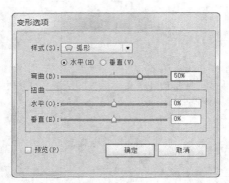

图 9-214

在"样式"选项的下拉列表中提供了 15 种封套类型，可根据需要选择，如图 9-215 所示。

"水平"选项和"垂直"选项用来设置指定封套类型的放置位置。选定一个选项，在"弯曲"选项中设置对象的弯曲程度，可以设置应用封套类型在水平或垂直方向上的比例。勾选"预览"复选框，预览设置的封套效果，单击"确定"按钮，将设置好的封套应用到选定的对象中，图形应用封套前后的对比效果如图 9-216 所示。

图 9-215

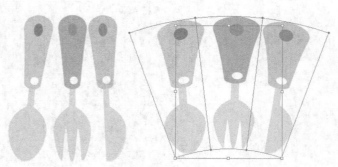

图 9-216

◎ **使用网格建立封套**

选中对象，选择"对象 > 封套扭曲 > 用网格建立"命令（组合键为 Alt+Ctrl+M），弹出"封套网格"对话框。

在"行数"选项和"列数"选项的数值框中，可以根据需要输入网格的行数和列数，如图 9-217 所示。单击"确定"按钮，设置完成的网格封套将应用到选定的对象中，如图 9-218 所示。

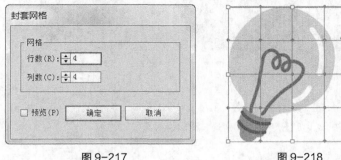

图 9-217　　　　　　　　　　　　　　　　图 9-218

设置完成的网格封套还可以通过"网格"工具 [图] 进行编辑。选择"网格"工具 [图]，单击网格封套对象，即可增加对象上的网格数，如图 9-219 所示。按住 Alt 键的同时，单击对象上的网格点和网格线，可以减少网格封套的行数和列数。用"网格"工具 [图] 拖曳网格点可以改变对象的形状，如图 9-220 所示。

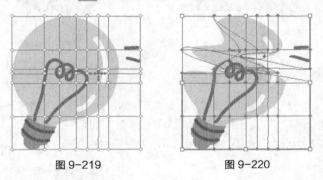

图 9-219　　　　　　　　　　　图 9-220

◎ **使用路径建立封套**

同时选中对象和想要用来作为封套的路径（这时封套路径必须处于所有对象的最上层），如图 9-221 所示。选择"对象 > 封套扭曲 > 用顶层对象建立"命令（组合键为 Alt+Ctrl+C），使用路径创建的封套效果如图 9-222 所示。

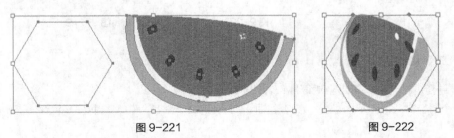

图 9-221　　　　　　　　　　　图 9-222

◎ **编辑封套形状**

选择"选择"工具 [图]，选取一个含有对象的封套。选择"对象 > 封套扭曲 > 用变形重置"命令或"用网格重置"命令，弹出"变形选项"对话框或"重置封套网格"对话框，可以根据需要重新设置封套类型，效果如图 9-223 和图 9-224 所示。

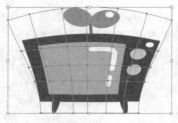

图 9-223　　　　　　　　　图 9-224

选择"直接选择"工具 ⬆ 或使用"网格"工具 ▦ 可以拖动封套上的锚点进行编辑。还可以使用"变形"工具 ◿ 对封套进行扭曲变形，如图 9-225 和图 9-226 所示。

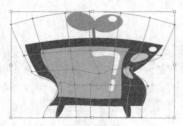

图 9-225　　　　　　　　　图 9-226

◎ **编辑封套内的对象**

选择"选择"工具 ▶，选取含有封套的对象，如图 9-227 所示。选择"对象 > 封套扭曲 > 编辑内容"命令（组合键为 Shift +Ctrl+ V），对象将会显示原来的选择框，如图 9-228 所示。这时，在"图层"控制面板中的封套图层左侧将显示一个小三角形，这表示可以修改封套中的内容，如图 9-229 所示。

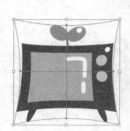

图 9-227　　　　　　　图 9-228　　　　　　　图 9-229

◎ **设置封套属性**

可以对封套进行设置，使封套更好地符合图形绘制的要求。

选择一个封套对象，选择"对象 > 封套扭曲 > 封套选项"命令，弹出"封套选项"对话框，如图 9-230 所示。

勾选"消除锯齿"复选框，可以在使用封套变形的时候防止锯齿的产生，保持图形的清晰度。在编辑非直角封套时，可以选择"剪切蒙版"和"透明度"两种方式保护图形。"保真度"选项用于设置对象适合封套的保真度。当勾选"扭曲外观"复选框后，下方的两个选项将被激活。它可使对象具有外观属性，如应用了特殊效果，对象也随着发生扭曲变形。"扭曲线性渐变填充"和"扭曲图案填充"复选框，分别用于扭曲对象的直线渐变填充和图案填充。

3. "路径"效果

"路径"效果组可以用于改变路径的轮廓，其中包括 3 个命令，如图 9-231 所示。

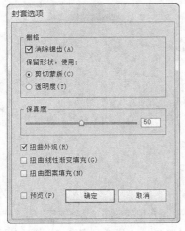

图 9-230

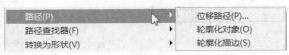

图 9-231

◎ "偏移路径"命令

"偏移路径"命令可以位移选中的路径。选中要位移的对象，如图 9-232 所示，选择 "效果 > 路径 > 偏移路径"命令，在弹出的"偏移路径"对话框中设置数值，如图 9-233 所示，单击"确定"按钮，对象的效果如图 9-234 所示。

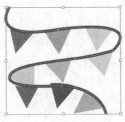

图 9-232

图 9-233

图 9-234

◎ "轮廓化对象"命令

"轮廓化对象"命令可以让用户使用一个相对简化的轮廓进行工作。选中一个对象，如图 9-235 所示，选择"效果 > 路径 > 轮廓化对象"命令，对象的效果如图 9-236 所示。

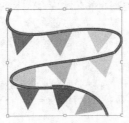

图 9-235

图 9-236

◎ "轮廓化描边"命令

"轮廓化描边"命令应用的对象只能是描边。选中一个对象，如图9-237所示，选择"效果 > 路径 > 轮廓化描边"命令，对象的效果如图9-238所示。

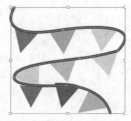

图 9-237　　　　　　　　　　图 9-238

9.2.5 【实战演练】制作化妆品包装

使用矩形工具、旋转命令和创建剪切蒙版命令制作背景效果；使用矩形工具、直接选择工具、渐变工具和钢笔工具绘制包装主体；使用文字工具、椭圆工具和直线段工具添加化妆品信息；使用编组命令和投影命令制作包装投影。最终效果参看云盘中的"Ch09 > 效果 > 制作化妆品包装"，如图9-239所示。

微课：制作
化妆品包装

图 9-239

9.3 综合演练——制作茶叶包装

9.3.1 【案例分析】

中国茶文化源远流长，茶叶冲以煮沸的清水，顺乎自然，清饮雅尝，可以消除疲劳、涤烦益思、振奋精神，也可以细啜慢饮，达到美的享受，使精神世界升华到高尚的艺术境界。本案例是为某茶叶公司制作的茶叶包装，设计要求体现出高尚、干净的感觉。

9.3.2 【设计理念】

在设计过程中，包装采用红色为主，体现出具有中国传统特色的特点，给人吉祥、快乐的印象；传统图案和花纹的添加体现了茶叶的高尚品质；文字的设计与图形融为一体，增添了设计感和创造性。整体设计简洁华丽，宣传性强。

9.3.3 【知识要点】

使用置入命令置入素材图像；使用矩形工具和直接选择工具制作立体效果；使用钢笔工具绘制立体侧面效果。最终效果参看云盘中的"Ch09 > 效果 > 制作茶叶包装"，如图 9-240 所示。

微课：制作
茶叶包装

图 9-240

9.4 综合演练——制作糖果手提袋

9.4.1 【案例分析】

手提袋是一种绿色产品，坚韧耐用、造型美观、透气性好，可重复使用、使用期长，适宜任何公司、任何行业作为广告宣传、赠品之用。本案例是设计制作糖果手提袋，要求造型美观，并且能够体现糖果的特色。

9.4.2 【设计理念】

在设计过程中，手提袋使用纸质材质进行表现，手提袋正面使用特殊图形进行填充，让整体造型显得更加美观。在中间的部分绘制了糖果图案与文字相结合既突出了主题，又起到宣传的作用。整体设计简洁美观，表现了糖果手提袋宣传的主题和作用。

9.4.3 【知识要点】

使用椭圆工具、路径查找器控制面板和直接选择工具制作糖果；使用文字工具添加文字信息；使用倾斜工具制作图标倾斜效果。最终效果参看云盘中的"Ch09 > 效果 > 制作糖果手提袋"，如图 9-241 所示。

微课：制作
糖果手提袋

图 9-241

第10章 综合设计实训

本章的综合设计实训案例，是根据商业设计项目真实情境来训练学生如何利用所学知识完成商业设计项目。通过多个商业设计项目案例的演练，使学生进一步牢固掌握 Illustrator CS6 的强大操作功能和使用技巧，并应用好所学技能制作出专业的商业设计作品。

案例类别

- 卡片设计
- 宣传单设计
- 包装设计

- 书籍装帧设计
- 广告设计

10.1 卡片设计——制作钻戒巡展邀请函

10.1.1 【项目背景及要求】

1. 客户名称

张大福珠宝有限公司。

2. 客户需求

张大福珠宝有限公司是一家大型珠宝首饰制造公司。为答谢商界朋友对张大福品牌的信赖与支持，要求制作"与爱同行"钻石盛宴巡展邀请函，邀请大家共同来参加。制作要求能够体现公司的诚意，以及公司的品质。

3. 设计要求

（1）设计风格要求时尚大方，淡雅简洁。

（2）体现出高端、典雅的公司形象，以此吸引客户来参加开幕仪式。

（3）要求设计能够展现公司理念，具有现代感，内容详尽，使人一目了然。

（4）能够体现公司的诚意与热情，使受邀者心情愉悦舒适。

（5）设计规格均为 260mm（宽）× 320mm（高），分辨率为 300 dpi。

10.1.2 【项目创意及制作】

1. 设计素材

图片素材所在位置：云盘中的"Ch10 > 素材 > 制作钻戒巡展邀请函 > 01~02"。

文字素材所在位置：云盘中的"Ch10 > 素材 > 制作钻戒巡展邀请函 > 文字文档"。

2. 设计作品

设计作品效果所在位置：云盘中的"Ch10 > 效果 > 制作钻戒巡展邀请函"，如图 10-1 所示。

微课：制作　　微课：制作
钻戒巡展邀　　钻戒巡展邀
请函 1　　　　请函 2

图 10-1

3. 步骤提示

步骤① 按 Ctrl+N 组合键，新建一个文档，设置宽度为 210mm，高度为 200mm，取向为横向，颜色模式为 CMYK，单击"确定"按钮。

步骤② 选择"置入"命令，置入图片，单击"嵌入"按钮，嵌入图片，效果如图 10-2 所示。选择"矩形"工具 ▣，绘制矩形，设置图形填充色的 C、M、Y、K 值分别为 0、55、55、50，填充图形，并设置描边色为无，效果如图 10-3 所示。

图 10-2　　　　　　　　　　　图 10-3

步骤③ 选择"文字"工具 T，在适当的位置输入需要的文字，选择"选择"工具 ▶，在属性栏中选择合适的字体和文字大小，设置文字填充色的 C、M、Y、K 值分别为 0、15、15、15，填充文字。选择"倾斜"工具 ◿，将文字倾斜，效果如图 10-4 所示。使用相同的方法添加其他文字与图形，效果如图 10-5 所示。

图 10-4　　　　　　　　　　　图 10-5

步骤④ 单击"创建新图层"按钮 🔲，新建一个图层。选择"矩形"工具 🔲，绘制一个与页面大小相等的矩形，设置图形填充色的 C、M、Y、K 值分别为 0、10、10、10，填充图形，并设置描边色为无，效果如图 10-6 所示。

步骤⑤ 选择"文字"工具 T，在页面中输入需要的文字，选择"选择"工具 ▶，在属性栏中选择合适的字体和文字大小，设置文字填充色的 C、M、Y、K 值分别为 0、55、55、50，填充文字，效果如图 10-7 所示。

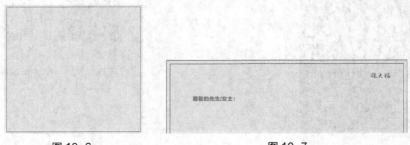

图 10-6   图 10-7

步骤⑥ 选择"文字"工具 T，在适当的位置插入光标，多次按空格键并将其选中，在"字符"控制面板中单击"下划线"按钮 T，效果如图 10-8 所示，用相同的方法输入其他文字，钻戒巡展邀请函制作完成，效果如图 10-9 所示。

尊敬的＿＿＿＿＿先生/女士：

图 10-8   图 10-9

10.2　书籍装帧设计——制作民间皮影书籍封面

10.2.1　【项目背景及要求】

1. 客户名称

人民邮电出版社。

2. 客户需求

《民间皮影》是人民邮电出版社策划的一本关于中国民俗文化皮影的读书，书中的内容充满知识性和趣味性，使人们在各种故事中体会人生道理。要求进行书籍的封面设计，用于图书的出版及发售，设计要符合皮影的特色，展现皮影魅力。

3. 设计要求

（1）书籍封面的设计要以皮影元素为主导。

（2）设计要求使用皮影图片诠释书籍内容，表现书籍特色。

（3）画面色彩运用上要符合皮影艺术。

（4）设计风格具有特色，能够引起人们的好奇，以及阅读兴趣。

（5）设计规格均为 353mm（宽）× 239mm（高），分辨率为 300 dpi。

10.2.2 【项目创意及制作】

1. 设计素材

图片素材所在位置：云盘中的"Ch10 > 素材 > 制作民间皮影书籍封面 > 01~03"。

文字素材所在位置：云盘中的"Ch10 > 素材 > 制作民间皮影书籍封面 > 文字文档"。

2. 设计作品

设计作品效果所在位置：云盘中的"Ch10 > 效果 > 制作民间皮影书籍封面"，如图 10-10 所示。

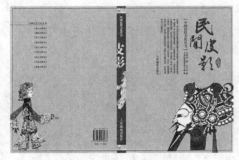

微课：制作   微课：制作
民间皮影书   民间皮影书
籍封面 1   籍封面 2

图 10-10

3. 步骤提示

步骤 1 按 Ctrl+N 组合键，新建一个文档，宽度为 359mm，高度为 253mm，取向为横向，颜色模式为 CMYK，单击"确定"按钮。

步骤 2 选择"文件 > 置入"命令，置入图片，单击"嵌入"按钮，嵌入图片。拖曳图片到适当的位置，并调整其大小，效果如图 10-11 所示。用相同的方法置入其他图片，效果如图 10-12 所示。

图 10-11

图 10-12

步骤 ③ 选择"直排文字"工具 ↓T，在适当的位置输入需要的文字，选择"选择"工具 ▶，在属性栏中选择合适的字体和文字大小，设置文字填充色的 C、M、Y、K 值分别为 58、89、100、50，填充文字，效果如图 10-13 所示。选择"选择"工具 ▶，在"字符"控制面板中进行相应的设置，效果如图 10-14 所示。用上述相同的方法制作其他图形与文字，并制作封底，效果如图 10-15 所示。

图 10-13   图 10-14   图 10-15

步骤 ④ 选择"矩形"工具 ▢，绘制一个矩形，设置图形填充色的 C、M、Y、K 值分别为 58、89、100、50，填充图形，如图 10-16 所示。用上述相同的方法制作书脊，效果如图 10-17 所示。选择"选择"工具 ▶，选取矩形，将其原位复制并置于顶层，按住 Shift 键的同时，选取需要的图形，如图 10-18 所示，按 Ctrl+7 组合键，创建剪切蒙版。民间皮影书籍封面制作完成，效果如图 10-19 所示。

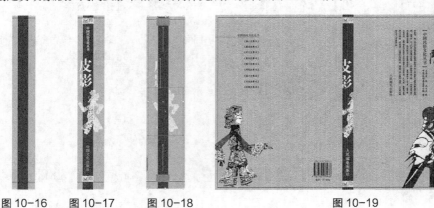

图 10-16   图 10-17   图 10-18   图 10-19

10.3 宣传单设计——制作餐厅宣传单

10.3.1 【项目背景及要求】

1. 客户名称

奇洛西餐厅。

2. 客户需求

奇洛西餐厅是一家有着五十多年的悠长历史的西餐厅，目前推出三款新品虾米花、西冷牛扒、蔬菜沙拉，特举办促销活动，回馈广大顾客。需要针对本次活动制作宣传单，用于推广宣传本次优惠活动，要求以本次活动为主题，重点宣传三款新品。

3. 设计要求

（1）宣传单要求以黄色为主，能够让人产生食欲。

（2）将关键元素放置在画面中心位置，在视觉上吸引消费者的注意。

（3）文字要在画面中突出明确，使消费者快速了解本店促销信息。

（4）整体设计要求高端时尚，具有特惠欢快的感觉。

（5）设计规格均为 210mm（宽）× 297mm（高），分辨率为 300 dpi。

10.3.2 【项目创意及制作】

1. 设计素材

图片素材所在位置：云盘中的"Ch10 > 素材 > 制作餐厅宣传单 > 01"。

文字素材所在位置：云盘中的"Ch10 > 素材 > 制作餐厅宣传单 > 文字文档"。

2. 设计作品

设计作品效果所在位置：云盘中的"Ch10 > 效果 > 制作餐厅宣传单"，如图 10-20 所示。

微课：制作
餐厅宣传
单 1

微课：制作
餐厅宣传
单 2

图 10-20

3. 步骤提示

步骤① 按 Ctrl+N 组合键，新建一个文档，设置文档的宽度为 210mm，高度为 297mm，取向为竖向，颜色模式为 CMYK，单击"确定"按钮。

步骤② 选择"钢笔"工具，分别绘制两个不规则图形，选择"选择"工具，填充图形相应的颜色，效果如图 10-21 所示。

步骤③ 置入素材文件，拖曳图片到适当的位置，并调整其大小，效果如图 10-22 所示，用相同的方法置入其他文件，效果如图 10-23 所示。

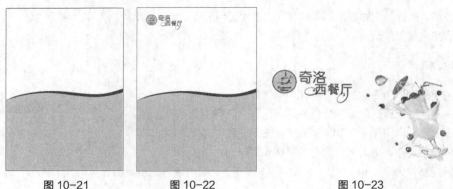

图 10-21　　　　图 10-22　　　　　　　　图 10-23

步骤④ 选择"文字"工具 $\boxed{T}$，输入需要的文字，选择"选择"工具 $\boxed{\nwarrow}$，在属性栏中选择合适的字体和文字大小，设置文字填充色的 C、M、Y、K 值分别为 62、79、100、46，填充文字，效果如图 10-24 所示。选择"选择"工具 $\boxed{\nwarrow}$，选取文字并旋转到适当的角度，效果如图 10-25 所示。使用相同方法制作其他文字和图形，效果如图 10-26 所示。餐厅宣传单制作完成。

图 10-24　　　　　　　　图 10-25　　　　　　　　图 10-26

10.4　广告设计——制作情人节广告

10.4.1　【项目背景及要求】

1. 客户名称

尚火商场。

2. 客户需求

尚火商场是一个舒适的购物中心，商场内具有完整合理的餐饮与零售服务，还有室内娱乐中心、美食区和休息区。在情人节即将到来之际，本店近期推出购物达到一定价格即送玫瑰和巧克力活动，需要制作一幅针对此次活动的广告，要求符合公司形象，具有浪漫情人节气息。

3. 设计要求

（1）广告背景要求制作出梦幻，浪漫的视觉效果。

（2）用色要求干净清爽。

（3）设计要求使用插画的形式为画面进行点缀搭配，丰富画面效果，与背景搭配和谐舒适。

（4）广告设计能够吸引人们的注意力，突出对促销活动内容的介绍。

（5）设计规格均为 210mm（宽）× 285mm（高），分辨率为 300 dpi。

10.4.2　【项目创意及制作】

1. 设计素材

图片素材所在位置：云盘中的"Ch10 > 素材 > 制作情人节广告 > 01~04"。
文字素材所在位置：云盘中的"Ch10 > 素材 > 制作情人节广告 > 文字文档"。

2. 设计作品

设计作品效果所在位置：云盘中的"Ch10 > 效果 > 制作情人节广告"，如图 10-27 所示。

微课：制作情 微课：制作情
人节广告 1 人节广告 2

图 10-27

3. 步骤提示

步骤 ① 按 Ctrl+N 组合键，新建一个文档，宽度为 210mm，高度为 285mm，取向为竖向，颜色模式为 CMYK，单击"确定"按钮。

步骤 ② 选择"矩形"工具 ▣，绘制一个与页面大小相等的矩形，为图形填充渐变色，效果如图 10-28。选择"文件 > 置入"命令，置入素材图片，效果如图 10-29。再次绘制一个与页面大小相等的矩形，按住 Shift 键的同时，将图片和矩形同时选取，按 Ctrl+7 组合键，建立剪切蒙版，在"透明度"控制面板中将混合模式设为"柔光"，效果如图 10-30。

图 10-28　　　　　　　图 10-29　　　　　　　图 10-30

步骤③ 选择"钢笔"工具 ![pen]，绘制一个不规则图形，填充图形相应的渐变色，效果如图 10-31 所示。再次绘制一个矩形，制作剪贴蒙版，效果如图 10-32 所示。

步骤④ 选择"文件 > 置入"命令，置入素材图片，将其拖曳到适当的位置，在"透明度"控制面板中将"透明度"选项设为"50%"，效果如图 10-33 所示，用相同的方法制作其他图形，效果如图 10-34 所示。

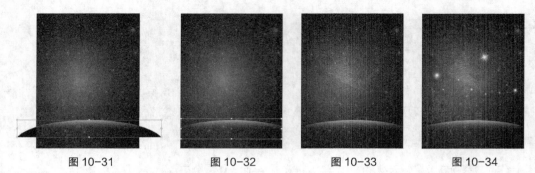

图 10-31　　　　　　图 10-32　　　　　　图 10-33　　　　　　图 10-34

步骤⑤ 选择"文字"工具 ![T]，在适当的位置输入需要的文字，选择"选择"工具 ![arrow]，在属性栏中选择合适的字体和文字大小。将文字转换为轮廓路径，如图 10-35 所示。填充文字相应的渐变色，效果如图 10-36 所示。用相同的方法制作其他图形与文字，效果如图 10-37 所示。情人节广告制作完成。

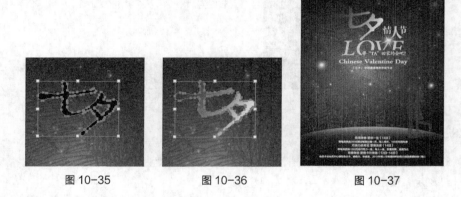

图 10-35　　　　　　　　图 10-36　　　　　　　　图 10-37

10.5　包装设计——制作饮料包装

10.5.1　【项目背景及要求】

1. 客户名称

菓粒香饮料公司。

2. 客户需求

菓粒香饮料公司是一家经果蔬类饮料为主的饮料公司，要求制作一款针对最新推出的营养慕希的外包装设计。营养慕希是一种蔬菜与果汁营养搭配的新品饮料，要求既要展现饮料成分，又要具有创新。

3. 设计要求

（1）包装风格要求使用橘黄色，与饮料成分相搭配。

（2）字体要求使用书法字体，配合整体的包装风格，使包装更具文化气息。

（3）设计要求简洁大气，图文搭配编排合理，视觉效果强烈。

（4）以真实简洁的方式向观者传达信息内容。

（5）设计规格均为 297mm（宽）× 210mm（高），分辨率为 300 dpi。

10.5.2 【项目创意及制作】

1. 设计素材

图片素材所在位置：云盘中的"Ch10 > 素材 > 制作饮料包装 > 01~05"。

文字素材所在位置：云盘中的"Ch10 > 素材 > 制作饮料包装 > 文字文档"。

2. 设计作品

设计作品效果所在位置：云盘中的"Ch10 > 效果 > 制作饮料包装"，如图 10-38 所示。

微课：制作　　微课：制作　　微课：制作　　微课：制作
饮料包装 1　　饮料包装 2　　饮料包装 3　　饮料包装 4

图 10-38

3. 步骤提示

步骤① 按 Ctrl+N 组合键，新建一个文档，宽度为 297mm，高度为 210mm，取向为横向，颜色模式为 CMYK，单击"确定"按钮。

步骤② 选择"矩形"工具 ▢，绘制一个与页面大小相等的矩形，填充图形相应的渐变色，效果如图 10-39 所示。选择"矩形"工具 ▢、"圆角矩形"工具 ◻ 和"钢笔"工具 ✐，分别绘制图形，并通过在"路径查找器"控制面板中单击"联集"按钮 ◱，制作不规则图形。填充与背景相同的渐变色，效果如图 10-40 所示，

图 10-39　　　　　　　图 10-40

步骤③ 选择"文件 > 置入"命令，置入素材文件，拖曳图片到适当的位置，调整其大小并将其旋转到适当的角度，效果如图 10-41 所示。用相同的方法置入其他图片，效果如图 10-42 所示。选择"钢笔"工具 ，分别绘制不规则图形，效果如图 10-43 所示。

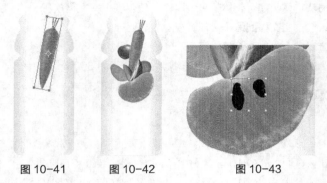

图 10-41   图 10-42   图 10-43

步骤④ 选择"文字"工具 T ，在适当的位置输入需要的文字，选择"选择"工具 ，在属性栏中选择合适的字体和文字大小。将文字转换为轮廓，按 Shift+X 组合键，互换填色和描边，效果如图 10-44 所示。选择"直接选择"工具 ，删除不需要的锚点，连接断开的锚点，填充文字适当的颜色，效果如图 10-45 所示。用相同的方法制作其他图形与文字，效果如图 10-46 所示。选择"镜像"工具 ，制作镜像效果，效果如图 10-47 所示。饮料包装制作完成。

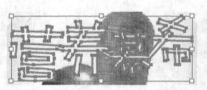

图 10-44   图 10-45

图 10-46   图 10-47